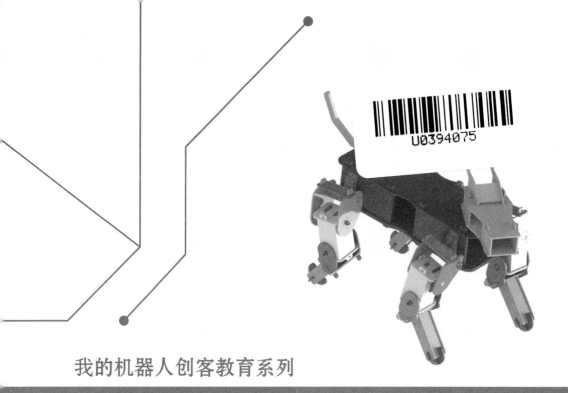

我的机器人创客教育系列

仿狗机器人的设计与制作

罗庆生　罗　霄　王新达　◉编著

北京理工大学出版社
BEIJING INSTITUTE OF TECHNOLOGY PRESS

图书在版编目（CIP）数据

仿狗机器人的设计与制作/罗庆生，罗霄，王新达编著. —北京：北京理工大学出版社，2019.7

（我的机器人创客教育系列）

ISBN 978 – 7 – 5682 – 7265 – 0

Ⅰ.①仿…　Ⅱ.①罗…②罗…③王…　Ⅲ.①仿生机器人 – 设计 – 青少年读物②仿生机器人 – 制作 – 青少年读物　Ⅳ.①TP242 – 49

中国版本图书馆 CIP 数据核字（2019）第 143115 号

出版发行／北京理工大学出版社有限责任公司

社　　址／北京市海淀区中关村南大街 5 号

邮　　编／100081

电　　话／（010）68914775（总编室）

　　　　　（010）82562903（教材售后服务热线）

　　　　　（010）68948351（其他图书服务热线）

网　　址／http：//www.bitpress.com.cn

经　　销／全国各地新华书店

印　　刷／保定市中画美凯印刷有限公司

开　　本／710 毫米×1000 毫米　1/16

印　　张／12.25　　　　　　　　　　　责任编辑／张慧峰

字　　数／232 千字　　　　　　　　　　文案编辑／张慧峰

版　　次／2019 年 7 月第 1 版　2019 年 7 月第 1 次印刷　　责任校对／周瑞红

定　　价／52.00 元　　　　　　　　　　责任印制／李志强

序　言

　　青少年是祖国的未来，科学的希望。以我国广大青少年为对象，开展规范性、系统性、引领性、全局性的科技创新教育与实践活动，让广大青少年通过这些活动，将理论研究与实际应用结合，将动脑探索与动手实践结合，将课堂教学与社会体验结合，将知识传承与科技创新结合，使广大青少年能有效提升创新兴趣，熟悉创新方法，掌握创新技能，增长创新能力，成为我国新时代的科技创新后备人才，意义重大，影响深远。

　　在形形色色的青少年科技创新教育与实践活动中，机器人科普教育、科研探索、科技竞赛别具特色，作用显著。这是因为机器人是多学科、多专业、多技术的综合产物，融合了当今世界多种先进理念与高新技术。通过机器人科普教育、科研探索、科技竞赛，可以使广大青少年在机械技术、电子技术、计算机技术、传感器技术、智能决策技术、伺服控制技术等方面得到宝贵的学习与锻炼机会，能够有效加深青少年对科技创新的理解能力，并提高其实践水平，让他们尽早爱科学、爱创新。

　　了解机器人的基本概念，学习机器人的基本知识，掌握机器人的设计技术与制作技巧，提升机器人的展演水平与竞技能力，将使广大青少年走近我国科技创新的最前沿，激发青少年对于科技创新尤其是机器人创新的兴趣与爱好，挖掘青少年开展科技创新的潜力，夯实青少年成为创新型、复合型人才的理论与技术基础。

　　"我的机器人创客教育系列"丛书重点讲述了仿人、仿蛇、仿狗、仿鱼、仿蛛、仿龟等六种机器人的设计与制作，之所以选择了这六种仿生机器人作为本套丛书的主题，是出于以下考虑：在仿生学一词频繁在科研领域亮相时，仿生机器人也逐步进入了人们的视野。由于当代机器人的应用领域已经从结构化环境下的定点作业，朝着航空航天、军事侦察、资源勘探、管线检测、防灾救险、疾病治疗等非结构化环境下的自主作业方向发展，原有的传统型机器人已不再能够满足人们在自身无法企及或难以掌控的未知环境中自主作业的要求，更加人性化和智能化的、具有一定自主能力、能够在非结构化的未知环境中作业的新型机器人已经被提上开发日程。为了使这一研制过程更为迅速、更为高效，人们将目光转向自然界的各种生物身上，力图通过有目的的学习和优化，将自然界生物特有的运动机理和行为方式，运用到新型仿生机器人的研发工作中去。

仿生机器人是一个庞大的机器人族群，从在空中自由飞翔的"蜂鸟机器人"和"蜻蜓机器人"，到在陆地恣意奔跑的"大狗机器人"和"猎豹机器人"，再到在水下尽情嬉戏的"企鹅机器人"和"金枪鱼机器人"；从肉眼几乎无法看清的"昆虫机器人"到可载人行走的"螳螂机器人"，现实世界中处处都可看见仿生机器人的身影，以往只在科幻小说中出现的场景正在逐步与现实世界交汇。

仿生机器人的家族成员们拥有五花八门的外观形貌和千奇百怪的身体结构，它们通过不同的机械结构、步态规划、行动特点、反馈系统、控制方式和通信手段模拟着自然界中各种卓越的生物个体，同时又通过人类制造的计算机、传感器、控制器以及其他外部构件，诠释着自己来自实验室的特殊身份。如今，这支源于自然世界和科学世界混合编组的突击部队正信心满满，准备在人类生活中大显身手。

时至今日，仿生机器人已经成为家喻户晓的"大明星"，每一款造型新颖、构思巧妙、功能独特、性能卓异的仿生机器人自问世之时起都伴随着全世界的惊叹和掌声，仿生机器人技术的迅速发展对全球范围内的工业生产、太空探索、海洋研究，以及人类生活的方方面面产生越来越大的影响。在减轻人类劳动强度，提高工作效率，改变生产模式，把人从危险、恶劣、繁重、复杂的工作环境和作业任务中解放出来等方面，它们显示出极大的优越性。人们不再满足于在展示厅和实验室中看到机器人慢悠悠地来回走动，而是希望这些超能健儿们能够在更加复杂的环境中探索与工作。

北京理工大学特种机器人技术创新团队成立于 2005 年，是在罗庆生教授和韩宝玲教授带领下，长期不懈地走在特种机器人科技创新探索、科研任务攻关道路上，充满创新能量、奋斗不息的一支标兵团队。该创新团队的主要研究领域为光机电一体化特种机器人、工业机器人技术、机电伺服控制技术、机电装置测试技术、传感探测技术和机电产品创新设计等。目前已研制出仿生六足爬行机器人、新型特种搜救机器人、多用途反恐防暴机器人、新型工业码垛机器人、新型轮腿式机器人、新型节肢机器人、新型工业焊接机械臂、陆空两栖作战任务组、外骨骼智能健身与康复机、"神行太保"多用途机器人、履带式壁面清洁机器人、小型仿人机器人、"仿豹"跑跳机器人、先进综合验证车、仿生乌贼飞行机器人、履带式变结构机器人、制导反狙击机器人、新型球笼飞行机器人等多种特种机器人。该团队在承研某部"十二五"重点项目——新型仿生液压四足机器人过程中，系统、全面、详尽、科学地开展了四足机器人结构设计技术研究、四足机器人动力驱动技术研究、四足机器人液压控制技术研究、四足机器人仿生步态技术研究、四足机器人传感探测技术研究、四足机器人系统控制技术研究、四足机器人器件集成技术研究、四足机器人操控装备技术研究，在有关液压四足机器人的仿生研究、机构设计、结构优化、机械加工、驱动传感、液压伺服、系统控制、人工智能、决策规划和模式识别等高精尖技术方面取得一系列创新与突破，从而为本套丛书的撰写提供了丰富的资料和坚实的基础。

本套丛书的主创人员在开发高性能、多用途仿生机器人方面具有丰富的研制经验和深厚的技术积累，由罗庆生、韩宝玲、罗霄撰写的专著《智能作战机器人》曾获"第五届中华优秀出版物奖图书奖"称号，这是我国出版物领域中的三大奖项之一，表明其在科技领域，尤其是在机器人领域中的实力与地位。

本丛书由罗庆生、罗霄担任主撰；蒋建锋、乔立军、王新达、陈禹含、郑凯林、李铭浩等人参与了本套丛书的研究与撰写工作，并担任各分册的主创人员。

在本套丛书的研究与写作过程中，得到了北京市教委、北京市科委等部门相关领导的极大关怀，得到了北京理工大学出版社的热情帮助，还得到了许多同仁的无私支持。值本书即将付印出版之际，谨向所有关心、帮助、支持过我们的领导、专家、同事、朋友表示衷心的感谢！

少年强则中国强，创新多则人才多。让机器人技术助圆我国广大青少年的"中国梦"！

作　者
2019 年 7 月于北京

目　录
CONTENTS

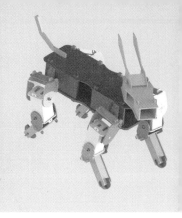

第 **1** 章
我能像狗一样奔跑

1.1 给你讲讲机器人的历史

提起机器人这个名词想必大家都不会陌生，大量的科幻小说及影视作品中到处可见机器人的形象。《变形金刚》《钢铁侠》等优秀机器人电影更是伴随着 80 后、90 后、00 后一起成长。科幻作品中的机器人形象是多种多样的。例如，电影《星球大战》里出现的能进行修理、翻译工作的小机器人 R2 - D2 忠实可靠、爱岗敬业，礼仪机器人 C - 3PO 则胆小怕事、逗人发笑；《终结者》系列中来自未来的机器人终结者冰冷恐怖、高深莫测；《人工智能》中的大卫则是一个令人感伤、思念久远的角色[1]，这些机器人栩栩如生，如图 1 - 1 所示。

图1-1 科幻作品中的形形色色的机器人

　　科技发展到了今天，机器人早已不是那些只能在人类的幻想中才会出现的科技怪物，它们正在人类社会的方方面面发挥着重要的作用。例如，"勇气号""机遇号""好奇号"火星探测机器人在火星上奔波不停，为人类的火星移民计划提供了必要的信息（如图1-2所示）；深海机器人潜入深渊，代替人类对深海火山的生态系统进行考察（如图1-3所示）；PackBot机器人不惧核辐射的威力，进入福岛第一核电站内部进行辐射情况探测（如图1-4所示）；军用机器人在局部战争中初露锋芒，代替军事人员进行各种特殊作业等（如图1-5所示）。

图1-2 火星探测机器人

图1-3 深海机器人

图 1-4 PackBot 机器人

图 1-5 军用机器人

　　各类媒体中的机器人也常常映入人们的眼帘。春晚上的机器人集体舞蹈精彩纷呈、气势恢宏（如图 1-6 所示）、餐厅里的机器人服务生彬彬有礼、气质超群（如图 1-7 所示）。企业提高产品品质、增进生产效益，需要机器人；人们改善物质生活、丰富精神享受，也需要机器人。我国政府在《中国制造2025》中也将机器人作为重点领域加以强调。

图 1-6 春晚上的舞蹈机器人

图 1-7 机器人服务生

　　或许有人认为以上事情离普通人还比较遥远，但其实我们每个人的生活都与机器人密切相关。人们乘坐的汽车、火车是工业机器人在工厂里参与制造的（如图 1-8 所示）；人们吃的粮食、水果是农业机器人在田野里参与收割的（如图 1-9 所示）；甚至一些人家里都已经开始有机器人在清扫卫生、端茶倒水（如图 1-10 和图 1-11 所示）。所以，机器人的世界，离我们真的已不再遥远。

图1-8 工业焊接机器人

图1-9 农业收割机器人

图1-10 扫地机器人

图1-11 服务机器人

1.1.1 古代的机器人

自古以来，人类就希望制造一种像人一样聪明、能干的机器，以便代替人类完成各种工作，将人类从繁重的体力劳动和复杂的脑力劳动中解放出来，古今中外许多能工巧匠和科学大师们都在为此而不懈努力。

公元前400—公元前350年，《墨子·鲁问篇》记载公输子（即鲁班）"削竹木以为鹊，成而飞之，三日不下"[1]。

公元前2世纪，亚历山大时代的古希腊人发明了被称为"自动机"的装置，它是以水、空气和蒸汽压力为动力的装置，它会活动，可以自己开门，还可以借助蒸汽来发声唱歌[2]。

东汉时，人们发明了"记里鼓车"（见图1-12），它靠传动齿轮和凸轮杠杆等机械装置驱动，车行一里，车上木人受凸轮的牵动，由绳索拉起木人右臂击鼓，无须人们手工测量计程，这是最早的计程工具。

后汉三国时期，诸葛亮制造了木牛流马（见图1-13）。据《三国志·诸葛亮传》记载："九年，亮复出祁山，以木牛运"，"十二年春，亮悉大众由斜谷出，以流马运"。木牛流马"口内舌头扭转，即不能动弹；再扭回来，复奔跑如飞"[3]。"搬运粮米，甚是便利。牛马皆不水食，可以昼夜搬运不绝也"。

图 1-12　记里鼓车

图 1-13　木牛流马

人类社会迈入 18 世纪之后，第一次工业革命从英国发展起来，开创了以机器代替手工工具的时代[4]。随着各种自动机器、动力系统的问世，机器人也开始进入了自动机械时期，出现了很多机械式控制的机器人，具有代表性的是各种精巧的机器人玩具和机器偶人。

1662 年，日本杰出工匠竹田近江利用钟表技术发明了自动机器玩偶，并在大阪的道顿堀演出，引起轰动[5]。

1738 年，法国天才技师杰克·戴·瓦克逊发明了一只机器鸭，栩栩如生，它能发出嘎嘎的叫声，会游泳和喝水，还会进食和排泄。

1768—1774 年间，瑞士神奇钟表师德罗斯父子三人，设计制造出三个像真人一般大小的机器人——写字偶人、绘图偶人和弹风琴偶人，这些偶人本领高超，分别会写字、绘画和弹琴[6]。它们是由凸轮控制和弹簧驱动的自动机器，至今还作为国宝保存在瑞士纳切特尔市艺术和历史博物馆内，供游人观赏。

1893 年，加拿大著名机师摩尔设计了以蒸汽为动力、能行走的机器人"安德罗丁"，"安德罗丁"摇摇摆摆的步伐经常引起人们的围观，也博得世人的啧啧称奇。

在科学家和工程师们实际制造出这些精巧的偶人的同时，文学家也对机械偶人产生了浓厚的兴趣，有关偶人的文学作品在这一时期得到了蓬勃发展，出现了《浮士德》《木偶奇遇记》《未来的夏娃》等一系列文学作品，将偶人的形象在大众中广为传播，这也预示着，机器人即将正式走上历史舞台。

1.1.2　"机器人"得名的由来

在工业革命推动科学技术迅速发展的同时，人们的思想观念也得到了极大的解放。自古罗马时代以来，欧洲就处于封建神学的统治之下，宗教氛围笼罩在人们的身边，当时大家都认为人是上帝创造的。后来，随着文艺复兴的兴起，生理学和医学得到了进一步的研究和发展，在对人类结构研究的基础之上，一些科学家、哲学家逐渐从宗教神学的束缚下摆脱出来，他们对上帝造人说产生了质疑。

基于对人体的构造与功能的系统研究和深入探索，法国数学家笛卡儿提出了一个"人是机器"的宏大命题。英国哲学家霍布斯对此更进一步地加以了阐述："人不过是一架正立行走的机器：心脏是汲筒，四肢是杠杆，关节是齿轮，神经是游丝……"

这种思想观念彻底改变了人们对自身的看法，人们发现人与机器之间并没有本质区别，二者之间是有联系的。人是机器，有机器性的一面，于是人们开始反过来思考，那么机器是否可以模仿人，具有人的人格，从而转变为人呢？

科幻文学作家们首先对这个问题进行了深入思考，并不断发表引发人们思考和争论的文章。1920 年，捷克作家卡雷尔·卡佩克发表了科幻剧本《罗萨姆的万能机器人》，开启了人们对机器人认识的新纪元[7]。

该剧本的故事梗概是：

未来，机器人会按照其主人的命令默默地工作，没有感觉和感情，以呆板的方式从事繁重的劳动[8]。后来，罗萨姆公司取得了成功，打破常规，使机器人具有了感情，导致机器人的应用部门迅速增加，在工厂生产和家务劳动中，机器人成了必不可少的成员。再后来，机器人通过与人类的接触，发觉人类十分自私和不公正，怨愤渐生，终于有一天机器人造反了。机器人的体能和智能都非常优异，它们消灭了人类主人。但是机器人不知道如何制造它们自己，而每台机器人的寿命最多只有 20 年，它们认识到自己很快就会灭绝，所以它们保留了罗萨姆公司技术部主任的性命，让他研究机器人繁殖技术。但是，当机器人繁殖技术被研制出来，且被机器人掌握以后，机器人最后将那位技术部主任也杀掉了，从此人类灭绝了。

卡雷尔·卡佩克提出的是机器人的安全、感知和自我繁殖问题，科学技术的进步是一把双刃剑，既可能促进人类社会的发展，也可能引发人类社会动荡[9]。虽然《罗萨姆的万能机器人》只是一篇科幻剧本，但是它却揭示了人类社会未来可能面临的危机。因此，该剧本得到了人们的广泛关注，被翻译成多国文字在全世界流传开来。

在这篇享誉世界的科幻作品中，卡佩克根据捷克文 robota（原意是劳役、苦工）和波兰语 robotnik（原意是工人），创造出了一个词语 Robot，用来称呼剧中的机器人主角[10]。随着小说被翻译成多国文字广为流传，各国也纷纷将 Robot 作为机器人的名称，在中国则译为机器人。从此，机器人这个名词开始正式走上历史舞台。

1.1.3　现代机器人的问世

进入 20 世纪以后，随着电的发明及其广泛应用，机器人技术也进入了一个新的发展时期。

1939 年，美国纽约世博会上展出了西屋电气公司制造的家用机器人 Elektro，如图 1 – 14 所示[11]。Elektro 相貌堂堂，体形魁梧，拖缆控制，可以行走，会说 77 个字，甚至还可以抽烟，但离真正干家务活还差得很远。不过它让人们对家用机器人的憧憬变得更加清晰和具体起来。

第二次世界大战之后，美苏两国竞相发展核技术以争夺世界霸权，但是由于核武器所用材料具有致命的辐射作用，人体不能直接接触，所以美国原子能实验室迫切希望使用某些操作机械代替人来搬运、处理放射性物质。在这一需求背景下，美国原子能委员会的阿尔贡研究所于 1944 年发明了主 – 从机械手（如图 1 – 15 所示），开创了机械手研究的先河[12]。所谓主 – 从机械手，就是人们通过把放射性物质放置在辐射屏蔽间内，再通过控制在屏蔽间外面的主机械手，来驱动在屏蔽间内部的从机械手移动放射性物质。这种机械手至今仍应用在很多场合中。

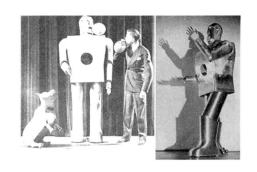 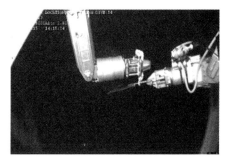

图 1 – 14　家用机器人 Elektro　　　　　图 1 – 15　主 – 从机械手

进入 20 世纪 40 年代，人类又迎来了两项重大科技发明。1946 年 2 月 14 日，第一台电子计算机 ENIAC 在美国宾西法尼亚大学诞生（如图 1 – 16 所示），并于次日正式对外公布。

ENIAC 每秒钟能执行 5 000 次加法或 400 次乘法运算，是人类手工计算速度的 20 万倍，人们为计算机的超凡能力而赞叹不已。但是，初生的 ENIAC 绝对不是一个"襁褓中的婴儿"，而是一个庞然大物，它包含了 17 468 个真空管、7 200 个水晶二极管、1 500 个中转器、70 000 个电阻器、10 000 个电容器、1 500 个继电器、6 000 多个开关。ENIAC 长 30.48 m，宽 1 m，占地面积约 63 m²。它有 30 个操作台，约有 10 间普通房间的大小，重达 30 t，耗电量 150 kW，造价 48 万美元。诚然，如此巨大的计算机想要普及应用显然是不现实的[13]。

1947 年 12 月 23 日，美国新泽西州贝尔实验室的巴丁博士、布莱顿博士和肖克莱博士在导体电路中进行用半导体晶体把声音信号放大的实验时，发明了科技史上具有划时代意义的成果——晶体管（如图 1 - 17 所示）[14]。因为它是在圣诞节前夕被发明的，所以被称为"献给世界的圣诞节礼物"。晶体管彻底改变了电子线路的结构，集成电路以及大规模集成电路应运而生，也使得计算机的体积缩小、价格大幅下降，而性能却大为提升，人们期盼已久的计算机大规模普及应用终于变成现实。

图 1 - 16　世界第一台电子计算机 ENIAC　　　　图 1 - 17　各种晶体管

这时候人们开始思索，机器可以做很多事情，但是机器需要人来操作。计算机具有比人类更优秀的计算能力，那么可否将计算机装在机器上来代替人操作机器呢？也就是说能否把计算机的智能功能和机器的机械功能结合在一起呢？1948 年，诺伯特·维纳出版了《控制论》，在书中他深刻阐述了机器中的通信和控制机能与人的神经、感觉机能的共同规律，并且率先提出了建设以计算机为核心的自动化工厂的思路。诺伯特·维纳将计算机智能和机器机械功能相结合的可行性从理论上进行了论证，为这一伟大结合奠定了坚实的理论基础[15]。

1954 年，美国人乔治·德沃尔制造出世界上第一台可编程的机器人，并注册了专利。这种机器人能按照不同的程序从事不同的工作，因此具有通用性和灵活性。

1959 年，乔治·德沃尔凭借伺服装置的专利与美国发明家约瑟夫·英格伯格联手制造出第一台工业机器人。随后，成立了世界上第一家机器人制造工厂——美国万用自动化公司（Unimation）。英格伯格因长期对工业机器人的努力研发和不懈宣传，被称为"工业机器人之父"。

1962 年，Unimation 公司的第一台机器人 Unimate（如图 1 - 18 所示）正式出产并在美国通用汽车公司（GM）投入使用，标志着第一代工业机器人正式诞生[16]。

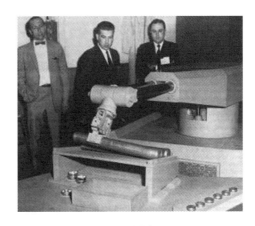

图 1 - 18 机器人 Unimate

同年，美国 AMF 公司生产出机器人 VERSTRAN（意思是万能搬运），与 Unimation 公司生产的 Unimate 一样成为真正商业化的工业机器人，并出口到世界各国，从此在世界上掀起了对机器人应用和机器人研究的热潮。

随着机器人研究的深入，人们开始尝试将传感器安装到机器人身上，让机器人具有感知功能。1961 年，恩斯特开始在机器人身上采用触觉传感器；1962 年，托莫维奇和博尼在世界上最早的"灵巧手"上采用了压力传感器；1963 年，麦卡锡则开始在机器人中加入视觉传感系统，并在 1965 年帮助麻省理工学院（MIT）制作出了世界上第一个带有视觉传感器、能识别并定位积木的机器人系统。

1965 年，约翰·霍普金斯大学应用物理实验室研制出 Beast 机器人。Beast 能通过声呐系统、光电管等装置，根据环境校正自己的位置。

20 世纪 60 年代中期开始，美国麻省理工学院、斯坦福大学、英国爱丁堡大学等高等院校陆续成立了机器人实验室。第二代带传感器、"有感觉"的机器人开始蓬勃兴起。

1968 年，美国斯坦福研究所公布了他们研发成功的机器人 Shakey（如图 1 - 19所示）。该机器人带有视觉传感器，能根据人的指令发现并抓取积木，不过控制它的计算机有一个房间那么大。Shakey 靠电视摄像机摄取图像，四周有"猫须型"接近觉传感器检测环境，下面使用轮子进行驱动，靠无线电天线和主计算机进行通信。Shakey 可以算是世界上第一台智能机器人，它拉开了第三代机器人研发的序幕。

1978 年，Unimation 公司推出通用工业机器人 PUMA（见图 1 - 20），标志着工业机器人技术已经成熟。PUMA 机器人具有多关节、全电动驱动、多 CPU 二级控制；可配视觉、触觉、力觉传感器，在当时是一种理念超群、技术先进的工业机器人。现在许多工业机器人的结构均是以此为基础的[17]。至今，PUMA仍然工作在生产第一线。

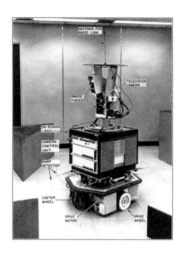

图 1 - 19　机器人 Shakey

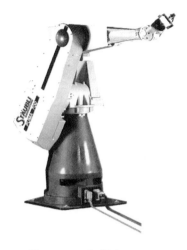

图 1 - 20　机器人 PUMA

　　1984 年，英格伯格推出机器人 Helpmate（见图 1 - 21），这种机器人能在医院里为病人送饭、送药、送邮件。同年英格伯格预言："我要让机器人擦地板，做饭，出去帮我洗车，检查安全。"

　　1997 年 7 月 4 日，携带火星探路者的美国飞船着陆火星[18]。这名火星探路者名叫"索杰纳"（如图 1 - 22 所示），是一个小型六轮探测机器人。该机器人重约 10 kg，造价 2 500 万美元。它具有人工智能，使用太阳能动力。它目标明确，哪里有岩石就往哪里爬，目的是搜集有关岩石成分的数据。

图 1 - 21　医疗服务机器人 Helpmate

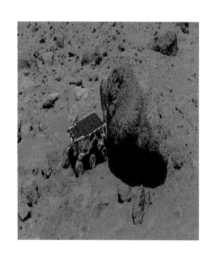

图 1 - 22　火星探路者

1998 年，世界著名玩具厂商乐高（LEGO）公司推出机器人（Mind - storms）系列套件（如图 1 - 23 所示），让做机器人变得跟搭积木一样，相对简单又能任意拼装，使机器人开始走入个人世界，同时掀起了机器人教育的热潮。

1999 年，日本索尼公司推出犬型机器人爱宝（AIBO），如图 1 - 24 所示。AIBO 为人工智能机器人（artificial intelligence robot）的缩写。AIBO 售价在 1 600 美元左右，尽管价格不菲，但因功能强大、造型可爱，还是被人们抢购一空，创造了 20 分钟内卖掉 3 000 只的惊人纪录，从此娱乐机器人成为机器人迈进普通家庭的主要途径之一。

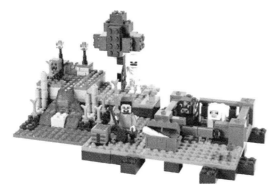
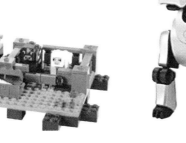

图 1 -23　乐高机器人　　　　图 1 -24　索尼公司 AIBO 机器人

2002 年 5 月 2 日，纽约证交所里，日本本田公司制造的仿人机器人阿西莫（ASIMO）（见图 1 - 25）摇响了开市铃声，现场无数人的眼光顷刻投在了这个四英尺①高的白色机器人身上。评论家普遍认为："这铃声不仅仅是庆祝本田公司在美国上市 25 周年，更是摇响了机器智能时代的开始。"

2002 年，iRobot 公司推出了吸尘器机器人伦巴（Roomba），如图 1 - 26 所示。iRobot 公司是一个拥有整套发展机器人工业技术的公司，行业涉及军事、航天、民用等各个方面[19]。Roomba 是一款典型的军转民产品，售价 199 美元，外形很像一张披萨饼，它能通过传感器和导航软件自动打扫房间。Roomba 拥有的数学运算法使其可以自主设计路线，还可通过传感器避开各种障碍、察觉陡坡以免摔下楼梯。在电量不足时，它还能自动驶向充电座。目前，Roomba 在全球的销量已超过 500 万台，是世界上销量最大、商业化最成功的家用机器人。

―――――――――――
①　1 英尺 = 0. 304 8 米。

图 1–25　本田公司 ASIMO 机器人　　　图 1–26　吸尘器机器人 Roomba

2011 年 2 月 25 日 5 时 53 分（美国东部时间 2 月 24 日 16 时 53 分），美国"发现号"航天飞机顺利升空，携带人类首个太空机器人 Robonaut 2 进入空间站[20]。该机器人由美国宇航局与通用公司设计制造，是首个进入太空的仿人机器人，如图 1–27 所示。

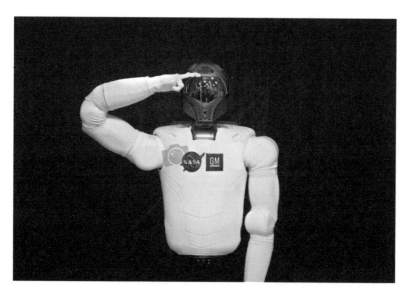

图 1–27　Robonaut 2 机器人

2007 年，微软公司总裁比尔·盖茨应《科学美国人》杂志社对机器人发展趋势的约稿，发表了举世瞩目的文章《家家有个机器人》[21]。文中指出："机器人行业目前所面临的现状，和 30 年之前个人计算机所面临的状况一样：

以若干开创性新技术为基础，行业内的公司在出售专业的商业服务，一大批新兴企业制造新式玩具、为发烧友提供配件，还出售其他各种有趣的产品。然而，它同时也是一个高度分散、各自为政的行业，几乎没有统一的标准或平台，开发项目复杂、进展缓慢，实际应用的成果寥若晨星，但是大家都看得到它的潜力。"文章预言："机器人即将重复 30 年前个人电脑崛起的道路，机器人将彻底改变这个时代的生活方式[22]。"随即微软公司推出基于 Windows 开发环境、用于构建面向各种硬件平台的软件——Microsoft Robotics Studio（如图 1 – 28 所示），试图实现机器人统一的标准或平台，在机器人领域延续霸主地位。

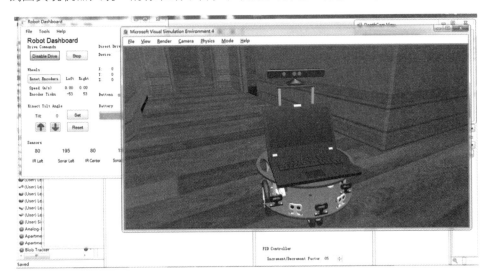

图 1 – 28 Microsoft Robotics Studio 界面

1.2 仿生机器人

1.2.1 机器人的定义

在科技界，人们一般都会给每个科技术语一个明确的定义，但机器人问世已有几十年了，而关于机器人的定义却仍然是仁者见仁，智者见智，没有一个统一的意见[23]。究其原因就是随着机器人技术的不断发展，新的机型、新的功能不断涌现，机器人所涵盖的内容越来越丰富，所表现的差异也越来越多样。机器人的定义需要不断充实和创新，就像机器人一词最早诞生于科幻小说之中一样，人们对机器人充满了幻想，也不断拥有了自我的认识与理解[24]。也许正是由于机器人定义的模糊性和差异化，才给了人们充分的想象和创造空间，不断发展、创造着机器人，使机器人家族日益兴旺起来。

如前所述，"机器人"一词来自捷克语中的"robota"，意即劳动的意思。机器人初期出现在小说中时，是反抗人类和给人类带来灾害的"坏蛋"，而现在机器人却是帮助人们从繁重体力劳动和复杂脑力劳动中摆脱出来的亲密"伙伴"。

迄今为止，机器人的内涵仍在继续深化，机器人的外延也仍在继续扩展。因此，人们还没有对机器人的定义形成一个统一的结论，谈到机器人，人们普遍会提及以下几种较为权威的定义。

（1）简明牛津字典中的定义。机器人是貌似人的自动机，是具有智力的、顺从于人的但不具人格的机器[25]。

（2）美国机器人产业协会（RIA）的定义。机器人是一种用于移动各种材料、零件、工具或专用装置的、通过程序动作来执行各种任务，并具有编程能力的多功能操作机。

（3）美国国家标准局（NBS）的定义。机器人是一种能够进行编程并在自动控制下执行某种操作和移动作业任务的机械装备。

（4）日本工业机器人协会（JIRA）的定义。机器人是一种装备有记忆装置和末端执行装置，且能够完成各种移动作业来代替人类劳动的通用机器。

（5）国际标准化组织（ISO）的定义。机器人是一种自动的、位置可控的、具有编程能力的多功能操作机，这种操作机具有几个轴，能够借助可编程操作来处理各种材料、零件、工具和专用装置，以执行各种任务[26]。

（6）我国科学家的定义。机器人是一种自动化的机器，所不同的是这种机器具备一些与人或生物相似的智能能力，如感知能力、规划能力、动作能力和协同能力，是一种具有高度灵活性的自动化机器。

纵观上述这些定义，虽然它们的具体表达形式不同，但基本上都包括三个共识，也就是三个共有的属性。

（1）机器人具有类人或者类生物的功能。

就是说机器人的某一部分像人或者机器人能像人或其他生物一样完成某种工作或动作。例如，机械手可以像人一样抓取物品；工业机器人可以像人一样在工厂里进行焊接、喷涂、装配等工作。有的机器人具有行走功能，能像人一样走动，去执行巡逻、探险等工作，它们就具有了某种或某些人类的能力。

有的机器人能够模仿生物，例如机器蚂蚁、机电蜻蜓，这些特种机器人有的可以像昆虫一样爬行，有的可以像鸟儿一样飞翔，去采集信息、收集情报。

（2）根据人的编程能自动的工作。

这里包括两点重要内容，第一是"编程"，其意是指：无论机器人的结构是简单还是复杂，也无论机器人的功能是高级还是普通，都有一定的程序在体内控制着机器人。人们可以通过编程，即通过对程序的编写和修改，来改变机器人的行为和动作。也就是说，一个机器人不仅能做一种特定的工作，而且可以通过编写和修改程序以完成很多不同的工作，当然这要受限于机器人的硬件结构。第二是"自动"，其意是指：只要根据工作内容编好程序并输入机器人的控制系统，机器人就会自己去工作，而不需要人一直在旁边控制。当然，做什么工作、怎么做都是按照程序预先设定好的。所以，这两点实际上相互融通，"自动"是通过"编程"来实现的。

（3）都是人造的机器或机械电子装置。

机器人虽然聪明能干，神通广大。但从根本上来看，它仍然是人制造的，仍然是一种机器。正如人们所说的，影响人类历史的事件，固然与政治、战争、革命等密切相关，但更多的是与科学技术的发展和创新息息相关。有时候，一件工具的发明、一项技术的革新，就足以改变人类的命运。计算机的发明与普及化应用就充分证实了这一点。而机器人，这一被认为将"重演计算机崛起史"的新发明，对人类社会产生的冲击与促进将会更加巨大和更加明显。机器人自命名之日起，就引发了它是否最终会取代人类、消灭人类的争论。随着机器人应用的好处越来越明显，机器人应用的场合越来越普遍，以及机器人应用的数量越来越惊人，研究如何让机器人更好地与人类相处、更好地为人类服务，而不是试图爬上生物链的顶端，奴役人类，甚至消灭人类，成为人们日益关心的热点[27]。

科幻作家们在这个问题上再次挺身而出，作出贡献。1950 年，美国著名科幻大师艾萨克·阿西莫夫（Isaac Asimov）在短篇小说集《I, Robot》（2004 年被拍摄成影片《机械公敌》，如图 1－29 所示）中提出了著名的机器人三定律[28]。

图 1－29　影片《机械公敌》

（1）A robot may not injure a human being or, through inaction, allow a human being to come to harm[29].

机器人不得伤害人类，或袖手旁观坐视人类受到伤害。

（2）A robot must obey orders given it by human beings except where such orders would conflict with the First Law.

除非违背第一定律，否则机器人必须服从人类的命令。

（3）A robot must protect its own existence as long as such protection does not conflict with the First or Second Law.

在不违背第一和第二定律的情况下，机器人必须尽力保护自己。

虽然开始时这只是科幻作家们在小说里描述的"信条"，但后来却正式成为机器人发展过程中科研人员必须遵守的研发原则。

在阿西莫夫之后，人们不断对机器人定律提出补充条款和修正意见，试图为保证机器人不伤害人类而制作出滴水不漏、完美无缺的约束。

元原则：机器人不得实施行为，除非该行为符合机器人原则。

第零原则：机器人不得伤害人类整体，或者因不作为致使人类整体受到伤害。

第一原则：除非违反高阶原则，机器人不得伤害人类个体，或者因不作为致使人类个体受到伤害[30]。

第二原则：机器人必须服从人类的命令，除非该命令与高阶原则抵触。

第三原则：如不与高阶原则抵触，机器人必须保护上级机器人和自己的存在。

第四原则：除非违反高阶原则，机器人必须执行内置程序赋予的职能。

繁殖原则：机器人不得参与机器人的设计和制造，除非新机器人的行为符合机器人的原则。

为机器人量身打造的行为准则看起来堪称完美，但是诸如"人类的整体利益"这种混沌的概念，连人类自己都搞不明白，更不要说那些用 0 和 1 来想问题的机器人了[31]。机器人没有问题，科技本身也不是问题，人类逻辑的极限和伦理的缺陷才是真正的问题。因此，如何将这些准则落实成一行行严密的代码输入到机器人中去，是一项艰巨、复杂的工程。至于机器人到底会不会取代人类这个问题，恐怕现在没人能说得清楚。目前，社会主流意识还是认为应该支持机器人的研发和应用，同时机器人研究者们还在继续为机器人制定切实可行的机器人定律而努力。

现在，国际上对机器人的概念已经逐渐趋近一致，即机器人是靠自身动力和控制能力来实现各种功能的一种机器[32]。联合国标准化组织给机器人下的定义是："机器人是一种可编程和多功能的操作机；或是为了执行不同的任务而具有可用电脑改变和可编程动作的专门系统。"

参考各国、各标准化组织的定义，人们可以认为：机器人是一种由计算机控制的可以编程的自动化机械电子装置，它能感知环境，识别对象，理解指示，执行命令，有记忆和学习功能，具有情感和逻辑判断思维，能自身进化，能按照操作程序来完成任务。

经过多年的发展，机器人目前已经成为多种类、多功能的庞大家族，大到身高体壮，能够力举千钧；小到纤细无比，能够进入血管；上到翱翔太空，九天揽月；下到潜入深海，五洋捉鳖；它既可在工业生产中兢兢业业高质量地完成任务，也可走入寻常百姓家温情款款地端茶递水。

从应用环境考虑，机器人家族可分为工业机器人和特种机器人两大类[33]。工业机器人（见图 1 – 30）是面向工业领域的多关节机械手或多自由度机器人；特种机器人则是除工业机器人之外的、用于非制造业并服务于人类的各种先进机器人，包括探测机器人（见图 1 – 31）、服务机器人（见图 1 – 32）、水下机器人（见图 1 – 33）、娱乐机器人（见图 1 – 34）、军用机器人（见图 1 – 35）、机器人化机器（见图 1 – 36）等。

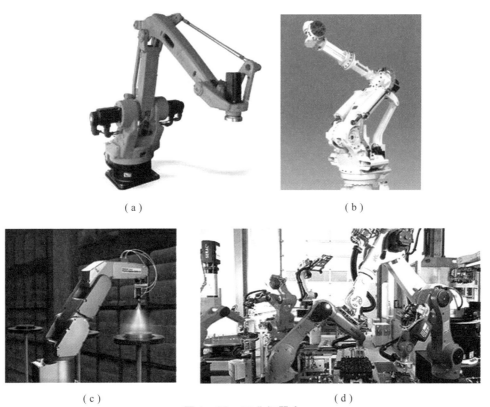

（a）　　　　　　　　　　　　　　（b）

（c）　　　　　　　　　　　　　　（d）

图 1 – 30　工业机器人

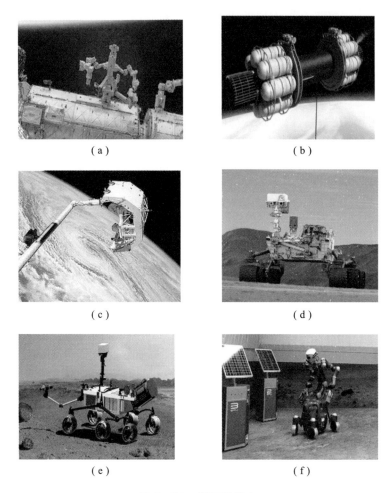

（a）　　　　　　　　　　（b）

（c）　　　　　　　　　　（d）

（e）　　　　　　　　　　（f）

图 1-31　探测机器人

（a）　　　　　　　　　　（b）

图 1-32　服务机器人

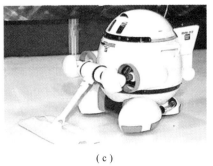

（c）

（d）

（e）

图 1-32 服务机器人（续）

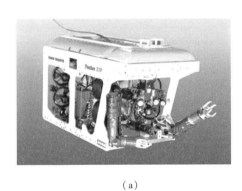

（a）

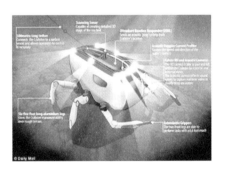

（b）

图 1-33 水下机器人

（a）

（b）

图 1-34 娱乐机器人

（c）

图 1 −34　娱乐机器人（续）

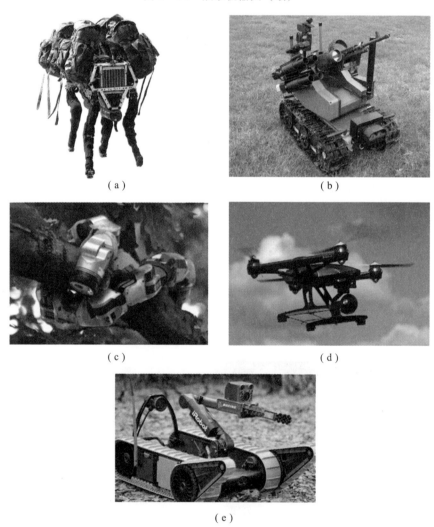

（a）　　　　　　　　　　　　　（b）

（c）　　　　　　　　　　　　　（d）

（e）

图 1 −35　军用机器人

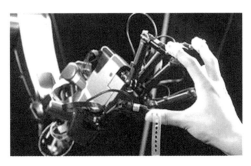

（a）　　　　　　　　　　　　　　　（b）

图 1 - 36　机器人化机器

1.2.2　机器人的分类

目前，世界上已经有了上万种机器人，这些机器人形状各异、功能不同。关于机器人如何分类，国际上没有制定统一的标准，有的按发展时代分，有的按仿生类型分，有的按几何结构分，有的按运动方式分，有的按驱动原理分，有的按应用领域分，这里只介绍两种分类方式。

1. 按发展时代分类

（1）示教再现型机器人。

这是第一代机器人，英文叫 Teach - in and playback。它是通过一个计算机来控制一个多自由度的机械，操作人员预先给出机器人的运动轨迹，与此同时机器人把这个过程对应的信息记录下来，这个过程称为"示教"[34]。当机器人工作时，把先前记录下来的信息读取出来，控制机器人准确地重复这种运动轨迹，这个过程叫作"再现"。例如，汽车生产线上布置的点焊机器人，人们只要预先把如何点焊的过程示教完毕以后，那么点焊机器人就会一直重复这一动作，不知疲劳，不感厌烦。它对于外界的环境没有感知功能，至于这个工件焊得好不好，它不知道，也没有办法去知道。第一代机器人就存在着这种缺陷。

（2）感觉判断型机器人。

为了克服第一代机器人缺乏感知功能的缺点，人们开始研究第二代机器人，即能够感觉外界环境的感觉判断型机器人[35]。该机器人具有类似人或生物的某种感觉功能，如力觉、触觉、视觉、听觉、接近觉等，能感知特定的外界环境信息，并根据这些信息，通过控制系统内已经编好的程序，就可以判断自己下一步要做什么。也就是说，机器人具有一些对外部信息进行反馈的能力。例如，在点焊机器人上装备可以探测焊接质量的传感器，控制机器人在焊完一个点之后进行质量检查，如果没有焊好就进行补焊，那么这种机器人就可以称之为感觉判断型机器人。

（3）智能机器人。

对于这种机器人，目前还没有一个统一和完善的定义。国外文献中对它的解释是"可动自治装置，能理解指示命令，感知环境，识别对象，计划其操作程序以完成任务"[36]。智能机器人是人们所追求的机器人理想最高阶段的产物，只要告诉机器人做什么，不用告诉它怎么做，它就能自动完成这项工作[37]。也就是说，只要告诉机器人工作目标，它就能自动构建中间过程而直达目的。目前这类机器人还只是在某些方面表现出低水平的智能，离真正完整意义上的智能机器人还比较遥远[38]。

2. 按几何结构分类（如图 1 – 37）

机器人的机械配置形式五花八门、多种多样。机器人的结构形式可用其坐标特性来描述。这些坐标结构包括直角坐标结构、柱面坐标结构、球面坐标结构和垂直多关节坐标结构以及水平多关节坐标结构等，如图 1 – 37 所示。

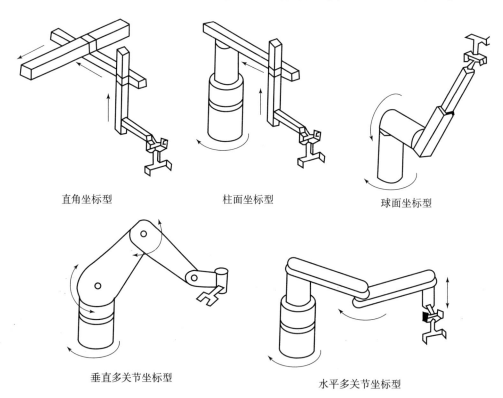

图 1 – 37　按几何结构来分类的工业机器人

（1）直角坐标结构。

直角坐标结构又称笛卡儿坐标结构，它具有空间上相互垂直的两根或三根直线移动轴，通过直角坐标方向的 2 或 3 个独立自由度确定其手部的空间位置[39]。其工作包迹（动作区间）为长方体。

（2）柱面坐标结构。

柱面坐标结构主要由垂直柱子、水平手臂（或机械手）和底座构成[40]。水平机械手安装在垂直柱子上，能自由伸缩，并可沿垂直柱子上下运动。垂直柱子安装在底座上，并与水平机械手一起（作为一个部件）在底座上移动，这种机器人的工作包迹形成一段圆柱面。

（3）球面坐标结构。

球面坐标结构就像坦克的炮塔一样，机械手能够做里外伸缩移动、在垂直平面上摆动以及绕底座在水平面上转动[41]。这种机器人的工作包迹形成球面的一部分。

（4）垂直多关节坐标结构。

垂直多关节坐标结构由底座（或躯干）、上臂和前臂构成[42]。上臂和前臂可在通过底座的垂直平面上运动。在前臂和上臂间，机械手有个肘关节；而在上臂和底座间，有个肩关节。在水平平面上的旋转运动既可由肩关节进行，也可以绕底座旋转来实现。这种机器人的工作包迹形成球面的大部分，也称多关节球面机器人。

（5）水平多关节坐标结构。

水平多关节坐标结构具有串联配置的两个能够在水平面内旋转的手臂，动作空间为一个圆柱体[43]。

1.3 "仿生"是什么

相当长一段时间以来，仿生机器人一直被科学家们当作机器人研究中的一个重要方向，科学家和工程师们仔细研究了各种生物系统的结构特点、运动形式和控制方式之后，精巧地设计出各种仿生机器人，使之具有相应生物的特性或功能，以更好地完成预期的任务[44]。在研制各种仿生机器人的过程中，人们并没有生吞活剥、完全抄袭生物的特殊性能，而是抓住生物的一些基本行为特征，保持生物系统和人造系统在基本原理上的一致，使用合适的材料和可行的技术创造出了仿生机器人这一神奇的群体。虽然比起大自然的鬼斧神工、无穷造化，人类创造出的仿生机器人有的显得很笨拙，有的似乎不经济，有的甚至相当可笑，但随着人类认识世界和改造世界的能力逐步提高，可以"乱真"的仿生机器人走进人类的生活并不是一个遥不可及的梦想[45]。那么到底什么样的机器人才叫仿生机器人呢？仿生的实质到底是什么？

仿生学（bionics）一词最早是在 1958 年由美国人斯蒂尔（Jack Ellwood

Steele）采用拉丁文"bios"（生命方式）和词尾"nic"（具有……性质的）组合而成的[46]。

仿生学是研究生物系统的结构、性状、原理、行为，为工程技术提供新的设计思想、工作原理和系统构成的技术科学，是一门生命科学、物质科学、数学、力学、信息科学、工程技术以及系统科学等学科交叉而成的新兴学科。仿生学为科学技术创新提供了新思路、新理论、新原理和新方法。

今天，人们已越来越清醒地认识到：生物具有的功能比迄今任何人工制造的机械装备或技术系统都优越得多，仿生学就是要有效地应用生物功能并在工程上加以实现的一门学科，仿生学的研究和应用将打破生物和机器的界限，将各种不同的系统连通起来[47]。

仿生学的研究范围包括：形态仿生、结构仿生、力学仿生、分子仿生、能量仿生、信息与控制仿生等[48]。下面将对前两种仿生形式作重点阐述，其余则作一般介绍。

1.3.1 形态仿生

1. 生物形态与形态仿生

在仿生学领域，所谓形态是指生物体外部的形状。所谓形态学是指研究生物体外部形状、内部构造及其变化的科学。所谓形态仿生是指模仿、参照、借鉴生物体的外部形状或内部构造来设计、制造人工系统、装置、器具、物品，等等。形态仿生的关键在于要能将生物体外部形状或内部构造的精髓及特征巧妙应用在人工系统、装置、器具、物品中，使之"青出于蓝而胜于蓝"。

对于各种模仿、借鉴或参照生物体的外部形状或内部构造而制造出的人工系统、装置、器具、物品来说，仿生形态是这些人造物体机能形态的一种形式。实际上，仿生形态既有物体一般形态的组织结构和功能要素，同时又区别于物体的一般形态，它来自设计师对生物形态或结构的模仿与借鉴，是受自然界生物形态及结构启示的结果，是人类智慧与生物特征结合的产物[49]。长期以来，人类生活在奇妙莫测的自然界中，与周围的生物比邻而居，这些生物千奇百怪的形态、匪夷所思的构造、各具特色的本领，始终吸引着人们去想象和模仿，并引导着人类制作工具、营造居所、改善生活、建设文明。例如，我国古代著名工匠鲁班，从茅草锯齿状的叶缘中得到启迪，制作出锯子。无独有偶，古希腊的发明家从鱼类梳子状的脊骨中受到启发，也制作出了锯子。

大自然和人类社会是物质的世界，也是形态的世界（见图1-38）。事物总是在不断的变化，形态也总是在不断的演变。自然界中万事万物的形态是自然竞争和淘汰的结果。这种竞争和淘汰永无终结[50]。自然界不停地为人们提供着新的形态，启迪着人类的智慧，引导人类从形态仿生上迈出创新的步伐。

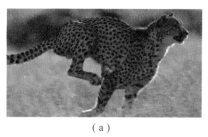

（a）

（b）　　　　　　　　　　　　（c）

（d）　　　　　　　　　　　　（e）

图 1-38　生物的形态

　　现代社会文明的主体是人和人所制造的机器。人类发明机器的目的是用机器代替人来完成繁重、复杂、艰苦、危险的体力劳动。但是机器能在多大程度上代替人类劳动，尤其是人类的智力劳动，会不会因机器的大量使用而给人类造成新的问题或麻烦呢？这些问题应该引起当今世界的重视。大量机器的使用让工作岗位出现了前所未有的短缺。人类已经在这种现代文明所导致的生态失调状况下开始反思并力求寻找新的出路。建立人与自然、人与机器的和谐关系，重塑科技价值和人类地位，在人与机器、生态自然与人造自然之间建立共生共荣的结构，从人造形态的束缚中解脱出来，转向从自然界生物形态中借鉴设计形态，是当代生态设计的一种新策略和新理念[51]。

　　首先，形态仿生的宜人性可使人与机器形态更加亲近。自然界中生物的进化，物种的繁衍，都是在不断变化的生存环境中以一种合乎逻辑与自然规律的方式进行着调整和适应。这都是因为生物机体的构造具备了生长和变异的条件，它随时可以抛弃旧功能，适应新功能。人为形态与空间环境的固定化功能模式抑制了人类同自然相似的自我调整与适应关系。因此，设计要根据人的自然和社会属性，在生态设计的灵活性和适应性上最大限度地满足个性需求。

其次，形态仿生蕴含着生命的活力。生物机体的形态结构为了维护自身、抵抗变异形成了力量的扩张感，可以使人感受到一种自我意识的生命和活力，唤起人们珍爱生活的潜在意识，在这种美好和谐的氛围下，人与自然融合、亲近，消除了对立心理，人们会感到幸福与满足[52]。

再次，形态仿生的奇异性丰富了造型设计的形式语言。自然界中无数生物丰富的形体结构，多维的变化层面，巧妙的色彩装饰和变幻的图形组织以及它们的生存方式、肢体语言、声音特征、平衡能力为人工形态设计提供了新的设计方式和造美法则。生物体中体现出来的与人沟通的感性特征给了设计师们新的启示。

人类对自然界中的广大生物进行形态研究和模拟设计已经历史悠久，但是作为一门独立的学科却是20世纪中叶的事情。1958年，美国人J•E•斯蒂尔首创了仿生学，其宗旨就是借鉴自然界中广大生物在诸多方面表现出来的优良特性，研究如何制造具有生物特征的人工系统[53]。在某种意义上人们可以认为：模仿是仿生学的基础，借鉴是仿生学的方法，移植是仿生学的手段，妙用是仿声学的灵魂。例如，枫树的果实借助其翅状轮廓线外形从树上旋转下落，在风的作用下可以飘飞得很远[54]。受此启发，人们发明了陀螺飞翼式玩具，而这又是目前人类广泛使用的螺旋桨的雏形。

现代飞行器的仿生原型是在天空中自由翱翔的飞鸟（见图1-39）。鸟的外形可减少飞行阻力，提高飞行效率，飞机的外形则是人们对鸟进行形态仿生设计的结果（见图1-40）。鸟的翅膀是鸟用以飞行的基本工具，可分为四种类型：起飞速度高的鸟类其翅膀多为半月形，如雉类、啄木鸟和其他一些习惯于在较小飞行空间活动的鸟类[55]。这些鸟的翅膀在羽毛之间还留有一些小的空间，使它们能够减轻重量，便于快速行动，但这种翅膀不适合长时间飞行。褐雨燕、雨燕和猛禽类的翅膀较长、较窄、较尖，正羽之间没有空隙。这种比较厚实的翅膀可向后倒转，类似于飞机的两翼，可以高速飞行。其他两种翅膀是"滑翔翅"和"升腾翅"，外形类似，但功能不同。滑翔翅以海鸟为代表，如海鸥等，其翅膀较长、较窄、较平，羽毛间没有空隙。在滑翔飞行期间，鸟不用扇动翅膀，而是随着气流滑翔，这样可以使翅膀得到休息。滑翔时，鸟会下落得越来越低，直到必须开始振动翅膀停留在空中为止。在其他时间，滑翔翅鸟类则可在热空气流上高高飞翔几个小时。升腾翅结构以老鹰、鹤和秃鹫为代表。与滑翔翅不同的是，升腾翅羽毛之间留有较宽的空间，且较短，这样可以产生空气气流的变化。羽毛较宽，使鸟能承运猎物。此外，这些羽毛还有助于增加翅膀上侧空气流动的速度。当鸟将其羽毛的顶尖向上卷起的时候，可以使飞行增加力量，而不需要拍打翅膀。这样，鸟就可以利用其周围的气流来升腾而毫不费力。升腾翅鸟类还有比较宽阔的飞行羽毛，这样可以大大增加翅膀的面积，可以在热空气流上更轻松地翱翔。

图 1－39　展翅高飞的鸟

图 1－40　人造飞鸟

鸟的翅膀外面覆盖着硬羽（见图 1－41），其形状由羽毛的分布决定。随着羽毛向下拍动，鸟的翅膀下方的空气就形成一种推动力，称为阻力，并且由于飞行羽毛羽片的大小不同，羽片两边的阻力也有所不同。翅膀的功能主要是产生上升力和推动力。比较而言，飞机的双翼只能产生上升力（见图 1－42），其飞行所需的推动力则来自发动机的推进力。

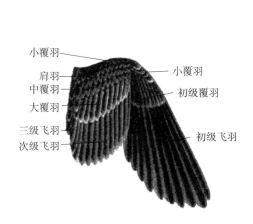

图 1－41　鸟的翅膀

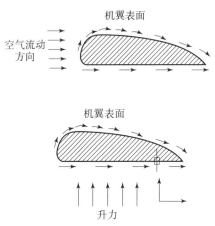

图 1－42　飞机机翼截面受力图

鸟的骨头属于中空结构，使其身体重量得以减轻，适宜在空中飞行。飞机为了减轻机身重量，采用高强度铝合金、ABS工程塑料等轻型材料[56]。虽然现代化的飞机飞得比鸟高、比鸟快、比鸟远，但说到耗能水平、灵活程度和适应场合，鸟类仍然遥遥领先，人类在飞行技术方面还需要大力开展仿生研究。

形态仿生设计是人们模仿、借鉴、参照自然界中广大生物外部形态或内部结构而设计人工系统、装置、器具、物品的一种充满智慧和创意的活动，这种活动应当充满创新性、合理性和适用性。因为对生物外部形态或内部结构的简单模仿和机械照搬是不能得到理想的设计结果的。

人们经过认真思考、仔细对比，合理选择将要模仿的生物形态，对可借鉴和参考的形态特征展开研究，从功能入手，从形态着眼，经过对生物形态精髓的模仿，不断创造出功能更优良、形态更丰富的人工系统。

实际上，人类造物的许多信息都来自大自然的形态仿生和模拟创造（见图1-43）。尤其是在当今的信息时代里，人们对产品设计的要求不同于以往[57]。人们不仅关注产品功能的先进与完备，而且关注产品形态的清新与淳朴，尤其提倡产品的形态仿生设计，让产品的形态设计回归自然。赋予产品形态以生命的象征是人类在精神需求方面所达到的一种新境界。

图1-43 具有形态仿生特点的人造物

德国著名设计大师路易吉·科拉尼曾说："设计的基础应来自诞生于大自然的、生命所呈现的真理之中。"这句话完完整整地道出了自然界蕴含着无尽设计宝藏的天机。对于当代设计师们来说，形态仿生设计与创新的基本条件一是能够正确认识生物形态的功能特点、把握生物形态的本质特征，勇于开拓创新思维，善于开展创新设计；二是具有扎实的生物学基础知识，掌握形态仿生设计的基本方法，乐于从自然界、人类社会的原生状况中寻找仿生对象，启发自我的设计灵感，并在设计实践中不断加以改进与完善。

在很多情况下，由于受传统思维和习惯思维的局限，人们思维的触角常常会伸展不开，触及不到事物的本源上去。从设计创新的角度分析，自然界广大生物的形态虽是人们进行形态仿生的源泉，但它不应该成为人们开展形态仿生设计的僵化参照物。所谓形态仿生，仿的应该是生物机能的精髓，因此，形态仿生设计应该是在创新思维指导下，实现形态与功能的完美结合。

科学研究表明，自然界的众多生物具有许多人类不具备的感官特征。例如，水母能感受到次声波而准确地预知风暴；蝙蝠能感受到超声波；鹰眼能从3 000 m高空敏锐地发现地面上奔走的猎物；蛙眼能迅速判断目标的位置、运动方向和速度，并能选择最好的攻击姿势和时间。大自然的奥秘不胜枚举[58]。每当人们发现一种生物奥秘，就为仿生设计提供了新的素材，也就为人类发展带来了新的可能。从这个意义上讲，自然界丰富的生物形态是人们创新设计取之不尽的宝贵题材。

自然界中万事万物的外部形态或内部结构都是生命本能地适应生长、进化环境的结果，这种结果对于当今的设计师来说是无比宝贵的财富，设计师们应当充分利用这些财富。那么，在形态仿生及其创新设计活动中，人们究竟应当怎么做呢？以下思路可能会对人们有所助益。

思路一：建立相关的生物功能—形态模型，研究生物形态的功能作用，从生物原型上找到对应的物理原理，通过对生物功能—形态模型的正确感知，形成对生物形态的感性认识[59]。从功能出发，研究生物形态的结构特点，在感性认识的基础上，除去无关因素，建立精简的生物功能—形态分析模型。在此基础上，再对照原型进行定性分析，用模型来模拟生物的结构原理。

思路二：从相关生物的结构形态出发，研究其具体的尺寸、形状、比例、机能等特性。用理论模型的方法，对生物体进行定量分析，探索并掌握其在运动学、结构学、形态学方面的特点。

思路三：形态仿生直接模仿生物的局部优异机能，并加以利用。如模仿海豚皮制作的潜水艇外壳减少了前进阻力；船舶采用鱼尾型推进器可在低速下取得较大推力。应当注意的是，在形态仿生的研究和应用中很少模仿生物形态的细节，而是通过对生物形态本质特征的把握，吸取其精髓，模仿其精华。

形态仿生及其创新设计包含了非常鲜明的生态设计观念。著名科学家科克尼曾说："在几乎所有的设计中，大自然都赋予了人类最强有力的信息。"形态仿生及其创新设计对探索现代生态设计规律无疑是一种有益的尝试和实践。

2. 生物形态与工程结构

经过自然界亿万年的演变，生物在进化过程中其形态逐步向最优化方向发展。在形形色色的生物种类中，有许多生物的外部形态或内部结构精妙至极，且高度符合力学原理。人们可以从静力学的角度出发，来观察一下生物形态或结构的奥秘之处，并感受其对工程结构设计的指导作用。

自然界中有许多参天大树（见图1-44），其挺拔的树干不但支撑着树木本身的重量，而且还能抵抗风暴和地震的侵袭。这除了得益于其粗大的树干外，庞大根系的支持也是大树巍然屹立的重要原因。一些巨大的建筑物便模仿大树的形态来进行设计（见图1-45），把高楼大厦建立在牢固可靠的地基上[60]。

图 1 - 44　参天大树

图 1 - 45　摩天大厦

　　鸟类和禽类的卵担负着传递基因、延续种族的重要任务，亿万年的进化使卵多呈球形或椭球形。这种形状的外壳既可使卵在相对较小的体形下有相对较大的内部空间，同时还可使卵能够抵抗外界的巨大压力。例如，人们用手握住一枚鸡蛋，即使用力捏握，也很难把蛋弄破。这是因为鸡蛋的拱形外壳与鸡蛋内瓤表面的弹性膜一起构成了预应力结构，这种结构在工程上有个专门的术语——薄壳结构[61]。自然界中的薄壳结构具有不同形状的弯曲表面，不仅外形美观，而且承压能力极强，因而始终是建筑师们悉心揣摩的对象。建筑师们模仿蛋壳设计出了许多精妙的薄壳结构，并将这些薄壳结构运用在许多大型建筑物中，取得了令人惊叹的效果（见图 1 - 46）。

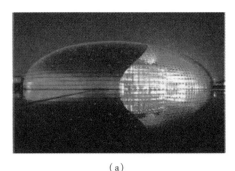
（a）　　　　　　　　　　　　　　　　（b）
图 1 - 46　具有薄壳结构外形的大型建筑物
（a）中国国家大剧院；（b）日本东京巨蛋

3. 生物形态与运动机构

　　现代的各种人造交通工具，无论是天上飞的飞机，还是地面跑的汽车，或是水面行驶的轮船，对其运动场合和运行条件都有着一定要求。若运动场合或运行条件不合适，那么它们就无法正常工作。一辆在高速公路上捷如奔马的汽车，如果陷入泥泞之中则将寸步难行；一艘在汪洋大海中宛若游龙的轮船，如果驶入浅滩之中则将无法自拔；一架在万里长空中翻腾似鹰的飞机，如果没有跑道起飞则将趴在地面望空兴叹。但自然界中有许多生物，在长期的进化和生存过程中，其运动器官和身体形态都进化得特别合理，有着令人惊奇的运动能力。

昆虫是动物界中的跳跃能手，许多昆虫的跳跃方式十分奇特，跳跃本领也十分高强[62]。如果按相对于自身体长来考察的话，叩头虫（见图 1－47）的跳跃本事在动物界中名列前茅。在无须助跑的情况下，其跳跃高度可达体长的几十倍。叩头虫之所以如此善跳，其奥秘就在于叩头虫的前胸和腹部之间的连接处具有相当发达的肌肉，特殊的关节构造能够让其前胸向身体背部方向摆动。由于叩头虫在受到惊吓或逃避天敌时会以假死来欺骗敌人，将脚往内缩而掉落到地面，此时就可以利用关节肌肉的收缩，以弹跳的方式迅速逃离现场。

昆虫界中的跳蚤（见图 1－48）也是赫赫有名的善跳者。跳蚤身体虽然很小，但长有两条强壮的后腿，因而善于跳跃。跳蚤能跳 20 多厘米高，可以跳过其身长约 350 倍的距离，相当于一个人一步跳过一个足球场[63]。

如果在昆虫界中进行跑、跳、飞等多项竞赛，则全能冠军非蝗虫莫属（见图 1－49）。蝗虫有着异常灵活、高度机动的运动能力，其身体最长的部分便是后腿，大约与身长相等。强壮的后腿使蝗虫随便一跃便能跳出其身长 8 倍的距离。

图 1－47　叩头虫　　　　　图 1－48　跳蚤　　　　　图 1－49　蝗虫

非洲猎豹是动物界中的短跑冠军（见图 1－50）[64]。成年猎豹躯干长 1～1.5 m，尾长 0.6～0.8 m，肩宽 0.75 m，肩高 0.7～0.9 m，体重 50 kg 左右。猎豹目光敏锐、四肢强健、动作迅猛。猎豹是地球陆地上跑得最快的动物，时速可达 112 km，而且加速度也非常惊人，从起跑到最高速度仅需 4 s。如果人类和猎豹进行短跑比赛的话，即便是以 9.69 s 的惊人成绩获得 2008 年北京奥运会男子田径比赛 100 m 冠军的牙买加世界飞人博尔特，猎豹也可以让他先跑 60 m，然后奋起直追，而最后领先到达终点的仍是猎豹。猎豹为什么跑得这么快呢？这与其身体结构密切相关，猎豹的四肢很长，身体很瘦，脊椎骨十分柔软，容易弯曲，就像一根弹簧一样。猎豹高速跑动时，前、后肢都在用力，身体起伏有致，尾巴也能适时摆动起到平衡作用。

动物界中的跳跃能手还有非洲大草原上的汤普逊瞪羚（见图 1-51）。汤普逊瞪羚是诸多瞪羚中最为出名的一种，它们身材娇小、体态优美、能跑善跳。汤普逊瞪羚对付强敌的办法就是"逃跑"。非洲草原上，其速度仅次于猎豹，而且纵身一跳就可以高达 3 m、远至 9 m。汤普逊瞪羚胆小而敏捷，一旦发现危险，就会撒开长腿急速奔跑，速度可达每小时 90 km。当危险临近时，它们会将四条腿向下直伸，身体腾空高高跃起。这种腾跃动作，既可用来警告其他瞪羚危险临近，同时也能起到迷惑敌人的作用。

袋鼠（见图 1-52）的跳跃能力也十分惊人。袋鼠属有袋目动物，目前世界上总共有 150 余种。所有袋鼠都有一个共同点：长着长脚的后腿强健有力[65]。袋鼠以跳代跑，最高可跳到 6 m，最远可跳至 13 m，可以说是跳得最高最远的哺乳动物。袋鼠在跳跃中用尾巴进行平衡，当它们缓慢走动时，尾巴则可作为第五条腿起支撑作用。

图 1-50　猎豹

图 1-51　瞪羚

图 1-52　袋鼠

在浩瀚的沙漠或草原中，轮式驱动的汽车即使动力再强劲，有时也会行动蹒跚，进退两难。但羚羊和袋鼠却能在沙漠和草原上如履平地，它们依靠强劲的后肢跳跃前进。借鉴袋鼠、蝗虫等的跳跃机理，人们现在已经研制出新型跳跃机（见图1-53）和跳跃机器人（见图1-54）。虽然它们没有轮子，可是依靠节奏清晰、行动协调的跳跃运动，依然可以在起伏不平的田野、草原或沙漠地区自由通行。

图1-53　新型"跳跃机"　　　　　　图1-54　仿蝗虫跳跃机器人

但是世界上还有许多地方，如茫茫雪原或沼泽，即使拥有强壮有力的腿脚，也是难以行进的。漫步在南极皑皑雪原上的绅士——企鹅，给人类以极大的启示。在遇到紧急情况时，企鹅会扑倒在地，把肚皮紧贴在雪面上，然后蹬动双脚，便能以每小时30 km的速度向前滑行（见图1-55）。这是因为经过两千多万年的进化，企鹅的运动器官已变得非常适宜于雪地运动。受企鹅的启发，人们已研制出一种新型雪地车（见图1-56），可在雪地与泥泞地带快速前进，速度可达每小时50 km。

图1-55　企鹅　　　　　　　　　　图1-56　雪地车

1.3.2 结构仿生

在科学技术发展的漫长历程中，人们不但从生物的外部形态去汲取养分、激发灵感，而且从生物的内部结构去获得启发、产生创意，从而极大地推动了人类科学技术水平的提高。当前，人们不仅应当模仿生物的外部形态进行形态仿生，而且应当借鉴生物的内部结构进行结构仿生，应通过学习、参考与借鉴生物内部的结构形式、组织方式与运行模式，为人类开辟仿生学新天地创造条件[66]。

大自然中无穷无尽的生物为人类开展结构仿生提供了优良的样本和实例。

蜜蜂是昆虫世界里的建筑工程师。它们用蜂蜡建筑极其规则的等边六角形蜂巢（见图1-57）。几乎所有的蜂巢都是由几千甚至几万间蜂房组成[67]。这些蜂房是大小相等的六棱柱体，底面由三个全等的菱形面封闭起来，形成一个倒角的锥形，而且这三个菱形的锐角都是70°32′，蜂房的容积也几乎都是0.25 cm³。每排蜂房互相平行排列并相互嵌接，组成了精密无比的蜂巢。无论从美观还是实用的角度来考虑，蜂巢都是十分完美的。它不仅以最少的材料获得了最大的容积空间，而且还以单薄的结构获得了最大的强度，十分符合几何学原理和省工节材的建筑原则。蜜蜂建巢的速度十分惊人，一个蜂群在一昼夜内就能盖起数以千计的蜂房。在蜂巢的启发下，人们研制出了人造蜂窝结构材料（见图1-58），这种材料具有重量轻、强度高、刚度大、绝热性强、隔音性好等一系列的优点。目前，人造蜂窝结构材料的应用范围非常广泛，不仅用于建筑行业，航天、航空领域也可见到它的身影，许多飞机的机翼中就采用了大量的人造蜂窝结构材料。

图1-57　蜂窝

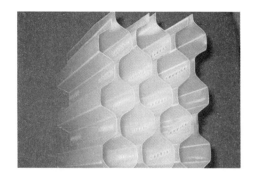

图1-58　人造蜂窝结构板材

对应生物的结构组成形式，人们还可将结构仿生分为总体结构仿生和肢体结构仿生[68]。

1. 总体结构仿生

所谓总体结构仿生指在人造物的总体设计上借鉴了生物体结构的精华。例如，鸟巢是鸟类安身立命、哺育后代的"安乐窝"（见图1-59），在结构上非常精妙。2001年普利茨克奖获得者瑞士建筑设计师赫尔佐格、德梅隆设计事务所、奥雅纳工程顾问公司及中国建筑设计研究院李兴刚等人合作，模仿鸟巢的整体特点和结构特征，设计出气势恢宏、独具特色的2008年北京奥运会主会场——"鸟巢"（见图1-60）[69]。该体育场主体由一系列辐射式门型钢桁架围绕碗状座席区旋转而成，空间结构科学简洁，建筑结构完整统一，设计新颖，造型独特，是目前世界上跨度最大的钢结构建筑，形态如同孕育生命的"鸟巢"。设计者们对该建筑没做任何多余的处理，只是坦率地把结构暴露在外，达到了自然和谐、庄重大方的外观设计效果。

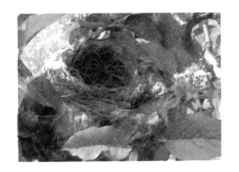

图1-59　鸟巢

图1-60　北京奥运会主会场

2. 肢体结构仿生

在生物界中，形形色色的动物具有多种多样的肢体，其中很多具有巧妙的结构和高超的能力，是人类模仿和学习的榜样。

低等无脊椎动物没有四肢，或只有非常简单的附肢；高等脊椎动物四肢坚强，运动非常有力。

鱼的四肢是鳍状的，前肢是一对胸鳍，后肢是一对腹鳍；胸鳍主要起转换方向的作用，腹鳍主要辅助背、臀鳍保持身体平衡。

两栖动物有着坚强有力的五趾型附肢。青蛙的前肢细而短，后肢粗而长，趾间有称之为蹼的肉膜（见图1-61）。这些特点使青蛙既能在水中游泳，又能在陆地爬行、跳跃。

鸟类的双腿是其后肢，其前肢演变为翅膀，能够在天空中自由飞翔。鸵鸟虽然名为鸟，但其并不会飞行，其后肢演化成一双强健有力的长腿（见图1-62），能够在沙漠中长途奔跑。

图 1－61　青蛙

图 1－62　鸵鸟

哺乳动物大多具有发育完备的四肢，能灵巧地运动或快速地奔跑。哺乳动物的四肢变化很大。袋鼠的后肢非常坚强，长度为前肢的五六倍；蝙蝠的前肢完全演变成皮膜状的翼，能够在空中飞行；鲸类的前肢变成鳍状，后肢基本消失；海豹的四肢演变为桨状的鳍脚，后鳍朝后，不能弯曲向前，成为主要的游泳器官。

由于生物的肢体在结构特点、运动特性等方面具有相当优异的表现，所以始终是人们进行人造装置设计与制作的理想模拟物和参照物。例如，借鉴螃蟹和龙虾的肢体结构（见图 1－63 和图 1－64），人们研制出了新型仿生机器人（见图 1－65 和图 1－66）。

图 1－63　螃蟹

图 1－64　龙虾

图 1－65　仿螃蟹机器人

图 1－66　仿龙虾机器人

1.3.3　力学仿生

力学仿生是研究并模仿生物体大体结构与精细结构的静力学性质，以及生物体各组成部分在体内相对运动和生物体在环境中运动的动力学性质[70]。例如，建筑上模仿贝壳修造的大跨度薄壳建筑，模仿股骨结构建造的立柱，既可以消除应力特别集中的区域，又可用最少的建材承受最大的载荷。军事上模仿海豚皮肤的沟槽结构，把人造海豚皮包敷在舰船的外壳上，可减少航行湍流，提高航速。

1.3.4　分子仿生

分子仿生是研究与模拟生物体中酶的催化作用、生物膜的选择性、通透性、生物大分子或其类似物的分析与合成等[71]。例如，在搞清森林害虫舞毒蛾性引诱激素的化学结构后，人们合成了一种类似的有机化合物，在田间捕虫笼中用千万分之一微克，便可诱杀雄虫。

1.3.5　能量仿生

能量仿生是研究与模仿生物电器官生物发光、肌肉直接把化学能转换成机械能等生物体中的能量转换机理、方式与过程。

1.3.6　信息与控制仿生

信息与控制仿生是研究与模拟感觉器官、神经元与神经网络、以及高级中枢的智能活动等方面生物体中的信息处理过程[72]。例如，人们根据象鼻虫视动反应制成的"自相关测速仪"可测定飞机着陆时的速度。人们根据鲎复眼视网膜侧抑制网络的工作原理，研制成功可增强图像轮廓、提高反差、从而有助于模糊目标检测的一些装置。目前，人们已建立的神经元模型达 100 种以上，并在此基础上构造出新型计算机。

模仿人类的学习过程，人们制造出了一种称为"感知机"的机器，它可以通过训练，改变元件之间联系的权重来进行学习，从而能够实现模式识别。此外，它还研究与模拟体内稳态、运动控制、动物的定向与导航等生物系统中的控制机制[73]。

在人们日常生活中司空见惯的很多技术其实都和仿生学密不可分。例如，人们根据萤火虫发光的原理，研制出了人工冷光技术。自从人类发明了电灯，生活变得方便、丰富多了。但电灯只能将电能的很少一部分转变成可见光，其余大部分都以热能的形式浪费掉了，而且电灯的热射线有害于人眼[74]。那么，有没有只发光不发热的光源呢？人类又把目光投向了大自然。在自然界中，有许多生物都能发光，如有些细菌、真菌、蠕虫、软体动物、甲壳动物、昆虫和鱼类等，这些动物发出的光都不产生热，所以又被称为"冷光"[75]。

在众多的发光动物中，萤火虫的表现相当突出。它们发出的冷光颜色多种多样，有黄绿色、橙色，光的亮度也各不相同。萤火虫发出冷光不仅具有很高的发光效率，而且一般都很柔和，十分适合人类的眼睛，光的强度也比较高。因此，生物光是一种理想的光。

科学家研究发现，萤火虫的发光器位于腹部[76]。这个发光器由发光层、透明层和反射层三部分组成。发光层拥有几千个发光细胞，它们都含有荧光素和荧光酶两种物质。在荧光酶的作用下，荧光素在细胞内水分的参与下，与氧化合便发出荧光。萤火虫的发光，实质上是把化学能转变成光能的过程。

在 20 世纪 40 年代，人们根据对萤火虫的仿生学研究，创造了日光灯，使人类的照明光源发生了很大变化。近年来，科学家先是从萤火虫的发光器中分离出了纯荧光素，后来又分离出了荧光酶，接着，又用化学方法人工合成了荧光素。由荧光素、荧光酶、ATP（腺苷三磷酸）和水混合而成的生物光源，可在充满爆炸性气体——瓦斯的矿井中当照明灯使用。由于这种光不使用电源，不会产生磁场，因而可以确保安全生产。

1.4 仿生机器人的分类

由仿生学的概念可知，仿生机器人就是模仿自然界中生物的外部形状、运动原理、行为方式、控制特点的、能从事生物特点工作的机器人。仿生机器人的分类方法很多，人们通常按仿生类型和工作环境两种方法进行分类。

1.4.1 按照仿生类型分类

按照仿生类型分类，可以分为生物机器人、仿人机器人和仿生物机器人三类。

1. 生物机器人

生物机器人就是对活体生物进行人工控制所得的机器人，其核心技术涉及生物学、信息学、测控技术、微机电系统等多门学科[77]。日本东京大学曾切除蟑螂头上的探须和身上的翅膀，插入电极、微处理器和红外传感器，再通过遥控信号产生电刺激，使蟑螂向特定的方向前进。我国山东科技大学机器人研究中心的科研人员利用人工电信号控制家鸽的神经系统（如图 1-67 所示），使其能够按照人们发

图 1-67 生物机器鸽

出的控制指令，准确完成起飞、盘旋、绕实验室飞行一周后落地等飞行任务[78]。

2. 仿人机器人

顾名思义，仿人机器人就是模仿人类自身研制的机器人。作为万物之灵的人类一直都是科学家们重点研究的对象，更是科学家们研制机器人的最好参照。1968 年，日本川崎重工业公司从 Unimation 公司引进了其机器人的生产特许证，从此日本机器人技术和产业开始发展起来[79]。由于日本战后劳动力严重不足，政府和民间都非常期待机器人能帮助解决"人荒"问题，于是格外重视仿人机器人的研发。1969 年，日本早稻田大学加藤一郎实验室研发出第一台利用双脚走路的机器人（加藤一郎长期致力于仿人机器人的研究，被誉为仿人机器人之父）。此后，日本本田公司和大阪大学联合推出 P1、P2 和 P3 型仿

人步行机器人，将仿人机器人的研究推向一个崭新的高度，使日本仿人机器人研究走在世界前列[80]。在 P3 的基础上，本田公司又研制出了 ASIMO 智能机器人（见图 1 - 68）。ASIMO 不仅作为形象大使陪同日本政要出国访问，受到过多国领导人的接见，并且IBM 公司、日本科学未来馆等很多世界知名公司和展馆均向本田公司租用 ASIMO 作为形象代言人

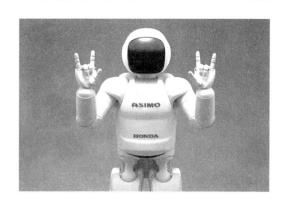

图 1 - 68　ASIMO 智能机器人

或贵宾接待员。ASIMO 也曾"到访"过我国，参加过博览会的展出。

索尼公司也制作了 QRIO 仿人机器人（如图 1 - 69 所示）。QRIO 能够双足行走、跳跃，甚至跑步；它不仅能避让障碍，而且即使跌倒了也能自己站起来。它掌握的词汇有 20 000 个，还能记忆对话[81]。QRIO 最吸引人的不是功能上的进步，而是它模拟了人类独有的"性格"。QRIO 的 4 个型号拥有各自不同的性格：Ken 属于对宇宙及科学感兴趣的知识探求型机器人，知识渊博且有独到的见解，特长为猜谜及健谈，具有与人自然交谈的能力；Audrey 属于喜欢小孩子的稳重和蔼型机器人，特长为朗读连环画，具有使人开心的对话技巧；Charlie 属于喜欢电影及音乐的逗人开心型机器人，特长为舞蹈与运动，能够全身协调地进行运动，可以随音乐起舞；Marco 对时装及艺术感兴趣，活泼但"不够稳重"，属于活泼爱动型机器人，特长为唱歌，可以根据声音合成展示丰富的音乐内容。

法国 Aldebaran Robotics 机器人公司开发了仿人机器人 NAO，如图 1 - 70 所

示。2007 年 7 月，NAO 被 RoboCup 组委会选定为标准平台，并作为索尼机器狗爱宝（AIBO）的继承者[82]。

图 1 – 69　QRIO 仿人机器人

图 1 – 70　机器人 NAO

3. 仿生物机器人

仿生物机器人就是模仿自然界的生物制作的机器人[83]。最著名的仿生物机器人就是索尼爱宝（AIBO）机器狗。

由于与自然界中的生物外形相似，仿生物机器人具有很好的隐蔽性，学术界尤其是军方非常重视仿生物机器人的开发研究工作。

1.4.2　按照工作环境分类

如果按照工作环境分类，仿生机器人主要分为陆地仿生机器人、空中仿生机器人、水中仿生机器人和两栖仿生机器人等。

1. 陆地仿生机器人

陆地仿生机器人的研究工作开展得较早，仿生式的移动机构与传统的轮式机构相比具有无可比拟的优势。图 1 – 71 所示为一种可以穿越废墟、攀爬管道的蛇形机器人，这种蛇形机器人大部分由轻质的铝合金和工程塑料组成，最大直径也只有成人手臂大小[84]。该机器人配有摄像机和电子传感器，可以接受遥控指挥。它可以灵巧钻入塑料管道，也可以钻入废墟间的空隙，还可以在草丛中自由来去[85]。由于该机器人能够在坍塌的地震废墟中灵活穿梭，可

图 1 – 71　蛇形救援机器人

以更快地找到幸存者，这为灾难救援工作带来了技术突破[45]。

2. 空中仿生机器人

空中仿生机器人是一种具有自主导航能力、无人驾驶的，且具有一些生物特征的飞行器，如图 1 – 72 所示[86]。这类机器人活动空间大、运动速度快，居高临下而不受地形限制，在军事侦察、森林防火、以及灾难搜救中，应用前景极好。依据飞行原理的区别，可分为固定翼式空中仿生机器人、旋翼式空中仿生机器人和扑翼式空中仿生机器人。目前在国内外引起广泛关注的微型飞行器侧重于扑翼式空中仿生机器人（见图 1 – 73）的研究。它模仿鸟类或昆虫的扑翼飞行原理，将举升、悬停和推进功能集于一个扑翼系统，可以用很小的能量进行长距离飞行，同时还具有较强的机动性和隐蔽性[87]。

图 1 –72　无人驾驶飞行器

图 1 –73　扑翼式飞行器

3. 水下仿生机器人

水下机器人由于其所处的特殊环境，在机构设计上比陆地机器人的难度大。在水中，深度控制、压力平衡、绝缘处理、防渗防漏、驱动调节、周围模糊景物识别等诸多方面的设计均需考虑[88]。以往的水下机器人多采用鱼雷状外形，用涡轮机驱动，具有坚硬的外壳以抵抗深水压力。后来，人们通过仿生学研究，将鱼类的推进方式引入到水下机器人驱动系统的设计之中，并使之成为人们研制新型高速、低噪声、机动灵活的水下机器人模仿的对象[89]。现在，仿鱼推进器的效率可达到 70% ~ 90%，与水的相对速度比螺旋桨推进器小得多，有效地解决了噪声问题。一些水下仿生机器人（如图 1 –74 所示）的灵活性远远高于现有的潜艇，几乎可以到达水中任何区域。

图1-74　水下仿生机器人

1.5　仿生机器人的特点、应用与发展

　　仿生机器人的根本特点是模仿生物体的全部或部分功能，以帮助人们达到使用目的。在这个过程中，人们或是模拟生物体的结构特点，或是模拟生物体的生理特性，或是模拟生物体的运动原理，又或是模拟生物体的控制方式，其设计和制作的主要特点在于：一是多采用冗余自由度或超冗余自由度的机器人设计方案，机构往往比较复杂；二是其驱动方式不同于常规的关节型机器人，通常会采用绳索、人造肌肉或形状记忆合金等驱动方式。由于仿生机器人对环境的适应性较强，对工作的适配性较高，所以它得到了人们的青睐，在很多领域都得到了广泛的应用。

1.5.1　在军事领域的应用

　　先来看几个小故事：

　　故事一：

　　在20世纪80年代，美国有一种名叫"丹尼"的机器人狱卒在美国各地的监狱里执行多种警务工作。"丹尼"外表看起来就好像是一个大水桶，高不到1.3 m，腰围却有2.2 m之巨，体重182 kg，真是一个"矮墩墩"的"壮汉"。"丹尼"走起路来的速度是1.6 km/h，活动半径将近百米。它身上装有电脑、电视摄像机、红外传感器等监控装置，即便在夜间能见度不高时，"丹尼"也能察觉人和烟头的出现，随时都可以用电视摄像机拍摄下可疑场景或人物，通过通信系统送到控制中心的电视屏幕上，供监狱管理人员进行分析和判断。

　　"丹尼"是靠轮子行走的。为了让它知道自己走到了什么地点，在巡逻路线上的一些特殊地点，人们安装上红外线灯和能够检测物体方向的方位检测器。当"丹尼"走到红外线灯处，它身上的红外传感器就能够接收到红外线，"丹尼"就向这一地方的装置发出一个回答信号，于是这个装置就把"丹尼"的位置测量出来，再发送给"丹尼"。"丹尼"每收到一次信号，就与电脑中存储的地图进行比较，校正自己的行走方向，发出控制信号，控制脚下的轮子，不断地向前、转弯，就这样不断地进行巡逻。"丹尼"身上有一种防撞传感器，也就是接近传感器，当它与某个物体太过接近时，传感器就会发出信号，控制"丹尼"并让它停下来[90]。"丹尼"还能够测量出自己的电量使用状态，如发现电量不足时，就与控制中心联系，暂停执行任务，自动去充电。充满电后，它可以再工作 12 个小时。

故事二：

"阿帕奇"直升机被称为"空中勇士"，是美国陆军的骄傲。"阿帕奇"直升机的身价为 800 多万美元，携带 16 枚激光制导反坦克导弹，装备 4 具火箭发射器，不论白天还是黑夜都能够参加作战[91]。美军为"阿帕奇"直升机配有"L 专家系统"，可对直升机中的辅助电器装置系统、供油系统、电子系统、火控系统等进行故障诊断，使"阿帕奇"直升机具有了较高的智能管理功能。

"阿帕奇"直升机于 1975 年首飞，1984 年首先装备美国第一骑兵师。在美国乃至世界，第一骑兵师都是非常著名的一支部队，这支部队自 1855 年创建以来，屡建功勋。而"阿帕奇"直升机首先装备该部队，可以看出"阿帕奇"直升机受到多大的重视。当然，日后的表现证明"阿帕奇"直升机确实值得这种重视，因为它的表现十分出色。

1991 年 1 月 6 日 14 时，美国 101 空中突击师接到施瓦茨科普夫总司令的命令：组织一支"诺曼底特遣队"，在进攻前摧毁伊拉克军队的两座雷达站。101 空中突击师立即组成了一支特遣队，分为红、白两个战斗组，配有 14 架飞机支援，其中就有 9 架 AH－64"阿帕奇"攻击直升机（见图 1－75）。这支特遣队在 17 日 0 时 56 分乘机飞向目标。为了不让敌军早早发现，在飞行中，不准使用无线电设备，并关闭航灯。

图 1－75　AH－64"阿帕奇"
攻击直升机

AH-64"阿帕奇"攻击直升机驾驶员用前视红外夜视系统控制飞行，副驾驶员和射手使用航空夜视系统和红外目标捕捉敌方目标。当飞机接近目标后，领头的 AH-64"阿帕奇"攻击直升机向目标中心射出密码激光束，用激光定位跟踪系统锁定目标。

此时，特遣队其他直升机都在距伊军雷达站 6 公里以外的地方停在空中。比计划时间提前大约 10 秒钟，两组飞机都进入了攻击区。领头的 AH-64"阿帕奇"攻击直升机发出命令：10 秒钟后发射。各飞机前视红外夜视系统的荧光屏上开始闪烁"发射"字样。10 秒转瞬即逝，所有的 AH-64"阿帕奇"攻击直升机同时向伊军雷达站发射导弹，总共向每座雷达站发射了 32 枚"海尔法"导弹，仅仅 4 分钟，伊军的雷达站就被彻底摧毁了，而 AH-64"阿帕奇"攻击直升机根本就没有遭到伊军的任何反击。由于伊军的雷达系统被摧毁，伊军失去了"眼睛"，成为一群"没头苍蝇"。所以 22 分钟以后，多国部队的 100 多架飞机沿着"诺曼底特遣队"开辟的空中走廊向伊军目标飞去，开始了"沙漠风暴"行动。在整个海湾战争中，AH-64"阿帕奇"攻击直升机都表现良好，得到了广泛赞誉。

谁知短短几年后，在 1999 年北约轰炸南联盟的行动中，AH-64"阿帕奇"攻击直升机却开始大受冷落。事情的起因是这样的，在科索沃开战 10 天后，北约派出 24 架 AH-64"阿帕奇"攻击直升机及 2000 名士兵到阿尔巴尼亚，以便对南联盟塞尔维亚军队的坦克进行攻击。为了保护这些直升机安全通过复杂的边境地区，北约动用了 18 个多重火箭发射系统以及导弹系统给予支援。但对是否使用 AH-64"阿帕奇"攻击直升机这个问题在美军参谋长联席会议上是有分歧的。北约盟军司令要求将 AH-64"阿帕奇"攻击直升机授入使用，而五角大楼一直没有授权使用该型直升机。因为，在此前进行的夜间训练时，两架 AH-64"阿帕奇"攻击直升机发生坠毁，还损失了一个两人机组。有秘密报告说，1999 年 5 月初在阿尔巴尼亚坠毁的 AH-64"阿帕奇"攻击直升机可能是被南斯拉夫防空部队击落的。据目击者称：当时 AH-64"阿帕奇"攻击直升机在空中发生爆炸，变成一团火球而坠毁。1999 年 5 月上旬，美国总统克林顿说，A-10 轰炸机比 AH-64"阿帕奇"攻击直升机更安全。从此，该直升机就更受冷落，在正规战斗中就没它的份儿了。

由此可以看出，现代战争中或未来战场上，"消灭敌人，保存自己"是最高准则。随着科学技术的发展和高新装备的投入，在战争中，少伤亡人，甚至不伤亡人的要求日益增强[92]。所以，无人作战武器越来越受欢迎。由于在现代战争中特别强调空中打击和掌握制空权，所以无人飞行器，也就是空中机器人将会大行其道，扮演越来越重要的角色。

故事三：

相信很多人都知道关公"刮骨疗毒"的故事（见图 1-76）。我国三国时期，蜀国大将关羽在打仗中臂膀受了严重箭伤，引得三军震动。当时关公本是臂疼，无可消遣，正与马良弈棋，闻有医者华佗已至，即行召入。礼毕，赐坐，茶罢，华佗请关公袒衣视之[93]。关公袒下衣袍，伸臂令华佗看视。华佗仔细诊视了一番说道："此乃弩箭所伤，中有乌头之药，直透入骨；若不早治，此臂无用矣。"关公问道："用何物治之？"华佗回答："某自有治法，但恐君侯惧耳。"关公笑着说道："吾视死如归，有何惧哉？"华佗接着说道："当于静处立一标柱，上钉大环，请君侯将臂穿于环中，以绳系之，然后以被蒙其首。吾用尖刀割开皮肉，直至于骨，刮去骨上箭毒，用药敷之，以线缝其口，方可无事。"关公笑答："如此，容易！何用柱环？"于是令部下设酒席相待。关公饮酒数杯以后，一面仍与马良弈棋，一面伸臂令华佗治疗。华佗取尖刀在手，令一小校捧一大盆于臂下接血。华佗说道："某便下手，君侯勿惊。"关公答称："任汝医治，吾岂比世间俗子，惧痛者耶！"于是，华佗便下刀施治，割开皮肉，直至于骨，发现骨上已青，华佗用刀仔细刮骨，将骨上染毒部分尽行去除，整个刮骨过程悉悉有声。帐上帐下见者，皆掩面失色。而关公照样饮酒食肉，谈笑弈棋，全无痛苦之色。须臾，血流盈盆。这时华佗已刮尽其毒，敷上伤药，以线缝合创口。关公大笑而起，对众将说道："此臂伸舒如故，并无痛矣。先生真神医也！"华佗赞叹回答："某为医一生，未尝见此。君侯真天神也！"后人有诗评论说："治病须分内外科，世间妙艺苦无多。神威罕及惟关将，圣手能医说华佗。"

过去，人们赞叹像关公一样神勇无双的好汉，也赞叹像华佗一样妙手回春的神医。而现代的人们，则开始研发医疗机器人救死扶伤，造福人类。著名的手术机器人"达芬奇"（见图 1-77）就是这样的医疗神器，它凭借高精密操作、高辅助能力已成为世界一流的手术机器人。

图1-76　关羽刮骨疗毒

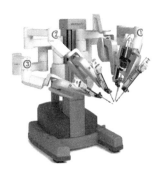

图1-77　"达芬奇"手术机器人

故事四：

潜艇隐蔽性好，突袭能力强，可用来攻击敌方各种水面舰船和陆上目标，还可以执行布雷、侦察和运送特遣小分队等任务，深受军方欢迎，在第一次世界大战和第二次世界大战期间都曾被参战各方广泛使用。

1915年10月正是第一次世界大战打得如火如荼的时候，一天，英国海岸观察哨发现一艘德国潜艇浮在水面、顺风顺流向岸边移动。因为英德是交战国，所以指挥部立即派了一艘全副武装的巡逻艇迎头赶去。眼看两艇的距离一点点逼近，可是德国潜艇一点动静都没有，甲板上也不见任何人影，景象非常令人奇怪。终于两艇靠拢了，英军士兵登上潜艇甲板，大胆打开舱口，进入舱里一看，令人大吃一惊，艇内所有德军官兵都在自己的战位上面带微笑死去了。后来根据该潜艇的航海日记并经专家分析，终于明白其中的奥秘。原来这艘潜艇曾受到过英舰攻击，于是就潜至北海海底进行躲避，艇长命令值班水手向舱内补充氧气以便让大家借机休息一下。不料艇内发生了氧化亚氮气体泄漏事故，这种气体又叫笑气，先是使人精神异常兴奋，笑声不止，而后会使人疲劳昏睡，直到死亡。该潜艇因氧化亚氮气体泄漏导致全员死亡，直至两个月后，由于密封舱逐渐漏气，潜艇自动浮出水面，这才引起英军注意，从而揭开这一神秘事件的帷幕。

潜艇技术发展到了今天，再也不会出现这样的事故。但现代的潜艇越来越多地需要接近敌人海岸线的浅水水域作战，容易被发现，处境更艰难。另外，现代探测技术日益发展，潜艇要想在高精尖探测设备眼皮底下进行隐蔽就更加困难，也更加危险。于是就迫切需要发展无人潜艇，也就是大力发展水下机器人。

为了使水下机器人的功能更强、性能更好，有人想到了以水中"游泳健将"金枪鱼来作为模拟和参考的对象。美国麻省理工学院研制出一条名叫"查理"的机器金枪鱼（见图1-78），长1.32 m，由2 843个零件组成[94]。人们可通过线缆控制机器金枪鱼，使它摆动躯体和尾巴，像真鱼一样灵活游动，游速可

图1-78 机器金枪鱼

达7.2 km/h。如果仿照机器金枪鱼设计无人潜艇，可以在海下连续工作数个月，相比目前的有人潜艇只能在海下连续工作几周，这样就能够大大提高潜艇的作战能力。

目前，国外某科研机构正在设计制造一种完全"自主"行动的机器金枪鱼，依靠其搭载的传感器、控制器以及其他辅助装置，该机器金枪鱼已经初步实现自主控制行动，自动完成任务。等这种自主型机器金枪鱼技术完全成熟之后，就可以派它到敌人海岸线附近去侦察，而不容易被敌发现，因为它模仿的金枪鱼动作与姿态惟妙惟肖、几可乱真。

麻省理工学院还研究了一种机器梭鱼，其性能相当优异。实际上，人们研制机器金枪鱼和机器梭鱼的目的在于想弄清为什么鱼在水里能够游得那么快。从理论上分析，鱼没有能够使它们游得那么快的肌肉力量。人们研制的机器梭鱼，其骨架是一个螺旋形的玻璃纤维弹簧，这使得机器梭鱼的身体又强壮又灵活。另外，该机器梭鱼的锥形鼻子也是用玻璃纤维做的，里面装有无线电设备，由它发射和接收无线电信号，控制身上的电机转动。电机拉动合金钨丝，合金钨丝与沿着脊柱的齿条一起带动身体两边的尾鳍运动，就使得机器梭鱼游动起来。机器梭鱼的研究成果对美国海军设计更高效能的无人舰艇颇有助益。

后来，人们又考虑到，仿照鱼儿制造无人潜艇，不能让它拖着电缆去潜航，需要解决的实际问题有很多，比如需要根据任务要求，自动感知环境、确定方位、规划行动、产生控制信号、进行定深或不定深潜航，这都要依靠机器人的自主导航和控制系统来实现。还有的就是，它必须有自动提供动力的能量系统，而且这一系统应该能够连续长时间工作，什么时候该停，什么时候该运行，都是自动控制实现的，既要可靠，还要有一定的效率。

日本在 1996 年制造出来的"R－1 机器人"就具有这样的"本领"。它是一种自主型水下机器人，是为了探测海洋资源而研制的。"R－1 机器人"能够在 400 m 深度进行潜航，连续潜航 4 个小时就可航行 20 km，当然它的最大连续潜航距离可达上百公里，能够连续 24 小时在水下潜行。

自主型水下潜行机器人，不带拖缆，所以行动不受约束，行动作业的场合大大增加。它比有人潜艇的优点在于不用对人的安全和舒适加以考虑，所以潜艇可以做得小巧而简捷，也不必要求一切都面面俱到，且万无一失。军用水下机器人最大的好处就是如果出了故障，又没有返航进行修理的可能，那让它自动毁掉就行了。

通过以上几个故事，我们可以清晰地看到仿生机器人在军事领域有着至关重要的作用。以往仿生机器人凭借体积小、功能强、适应性好、隐蔽性高的特点被广泛应用在军事侦察和不对称作战中。随着科技的进步，仿生机器人逐渐地在各行各业中应用开来。

美国波士顿动力公司为美军开发的"大狗"机器人（如图 1－79 所示）项目于 2009 年前后正式公开，其开发目标是为美军山地作战部队提供一种能够跟随士兵深入战场的多用途运载工具，要求它可以搭载 170 kg 的物资通过各种崎岖地形。

波士顿动力公司打造的仿生机器人 PETMAN（如图 1-80 所示）正在接受各项性能检测，在其通过实战演习的评测之后将在美国军队服役，为美军测试各种防护服装和军事设备。

图 1-79　波士顿动力公司"大狗"
机器人

图 1-80　波士顿动力公司 PETMAN
机器人

1.5.2　在服务业中的应用

国际机器人联合会经过几年的资料搜集、文件整理和系统归纳，给出了服务机器人一个初步的定义：服务机器人是一种半自主或全自主工作的机器人，它能完成有益于人类健康的服务工作，但不包括从事生产的设备。这里，人们把其他一些贴近人类生活的机器人也列入其中[95]。服务机器人的应用范围很广，主要从事诸如维护保养、修理、运输、清洗、保安、救援、监护等工作。

随着经济全球化的发展，人力成本不断上涨，用工难度日益增加，促进了家庭服务型机器人的突飞猛进。数据显示，目前，世界上至少有 48 个国家在发展机器人，其中 25 个国家已涉足服务型机器人的开发和应用工作。在日本、北美和欧洲，迄今已有 7 种类型、40 余款服务型机器人进入实验和半商业化应用。

近年来，全球服务机器人市场保持较快的增长速度。根据国际机器人联盟的统计数据，2010 年全球服务机器人销量达 13741 台，同比增长 4%，销售额为 320 亿美元，同比增长 15%；个人/家庭服务机器人销量为 220 万台，同比增长 35%，销售额为 5.38 亿美元，同比增长 39%。

另外，全球人口的老龄化也给社会带来了大量的问题。例如对于老龄人的看护和医疗问题，要解决这些问题势必会给政府带来沉重的财政负担。由于服务机器人所具有的特点使之能够显著降低财政支出，因而服务机器人得到了政府人士的青睐，有望得到财政支持，并被大量的应用。

我国在服务机器人领域的起步较晚，研发水平与日本、美国等国相比起来还有一定差距[96]。在国家863计划的支持下，我国在服务机器人研发方面已投入了巨大的人力、物力和财力，并取得了一定的成绩，如哈尔滨工业大学研制的导游机器人、迎宾机器人、清扫机器人；华南理工大学研制的机器人护理床；中国科学院自动化研究所研制的智能轮椅等。图1-81所示为一种餐饮服务机器人。

图1-81 餐饮服务机器人

1. "护士助手"机器人

看到现在世界上有这么多形形色色的机器人，人们也许会问世界上第一台真正意义上机器人是谁发明的呢？发明第一台机器人的正是享有"机器人之父"美誉的英格伯格先生。英格伯格是世界上最著名的机器人专家之一，1959年他与人合作研制出了世界上第一台工业机器人，并于同年建立了Unimation公司，为创建机器人产业作出了杰出的贡献[97]。1983年，就在工业机器人销售日渐火爆的时候，英格伯格和他的同事们毅然将Unimation公司卖给了西屋公司，并创建TRC公司，开始研制服务机器人。

英格伯格认为，服务机器人与人们生活密切相关，其应用将不断改善人们的生活质量，而这也正是他毕生所追求的目标。一旦服务机器人像其他机电产品一样被人们所接受，走进千家万户，其市场规模将不可限量。

英格伯格创建的TRC公司的第一个产品是"护士助手"机器人（见图1-82），这款机器人于1985年开始研制，1990年开始出售，目前已在世界各地几十家医院投入使用。"护士助手"机器人除了出售外，还可以出租。由于"护士助手"的市场前景很好，现已成立了"护士助手"机器人公司，英格伯格亲自担任主席。

"护士助手"是一种自主式机器人，它不需要有线制导，也不需要事先做好规划，一旦编好程序，它随时可以完成以下任务：运送医疗器材和设备，为病人送饭送水，传送病历、报表及信件，运送药品，运送试验样品及试验结果，在医院内部递送邮件及包裹[98]。

图1-82 "护士助手"
机器人

该机器人由驱动部分、行走部分、行驶控制器及大量的传感器组成。机器人可以在医院中自由行动，其速度为 0.7 m/s 左右。机器人控制系统中装有医院的建筑物地图，在确定目的地后机器人利用航线推算法自主地沿走廊行进，由结构光视觉传感器及全方位超声波传感器探测静止或运动物体，使之及时避障，并对航线进行修正。它的全方位触觉传感器保证机器人不会与人和物体相碰。车轮上的编码器可以精确测量它行驶过的距离。在走廊中，该机器人利用墙角确定自己的位置，而在病房等较大空间里时，它可利用天花板上的反射带，通过向上观察的传感器帮助自己定位。需要时它还可以自行开门。在多层建筑物中，它可以给载人电梯打电话，并通过搭乘电梯到达所要去的楼层。当遇到医生或病人着急使用电梯时，该机器人可以先停下来，让开道路，2 分钟后它会重新启动，并继续前进[99]。通过"护士助手"上的菜单可以选择多个目的地，而且该机器人装有较大的屏幕，拥有友好的用户界面，以及优良的音响装置，用户使用起来迅捷方便，简单舒适。

2. 户外清洗机器人

随着城市现代化进程的加快，一座座高楼拔地而起。为了美观，也为了得到更好的采光效果，很多高楼都采用了玻璃幕墙。好看虽然好看，但好景不长，隔了一段时间这些玻璃幕墙就会变得灰头土脸，必须定时清洗。其实不仅是玻璃幕墙，其他材料的大楼壁面也需要定期清洗，才能恢复靓丽容貌，为城市增光添彩。

长期以来，高楼大厦的外墙壁清洗都依靠的是"一桶水、一把刷、一根绳、一块板"的作业方式。洗墙工人腰间系着一根绳子，凭着这根绳子悠荡在高楼不同高度的外楼面之间，清洗墙壁或窗户，不仅效率低，而且风险大。后来，随着科学技术的发展，这种状况已有所改善。此前一段时间里，国内外使用的楼面清洗的方法主要有两种：一种是靠升降平台或吊篮搭载清洁工进行窗面和墙面的人工清洗；另一种是用安装在楼顶的轨道及索吊系统将擦窗机对准窗户自动擦洗[100]。采用第二种方式要求在建筑物设计之初就将擦窗系统考虑进去，而且它无法适应阶梯状造型的壁面，这就限制了该方法的普及使用。

改革开放以后，我国的经济建设有了快速的发展，城市面貌焕然一新，各种高层建筑如雨后春笋，层出不穷。但由于建筑设计配套尚不规范，国内绝大多数高层建筑的清洗都是采用吊篮系统人工完成。基于这种情况，北京航空航天大学机器人研究所发挥其技术优势，与铁道部北京铁路局科研所为北京西客站合作开发了一台擦窗机器人（见图 1-83）。

图 1-83　擦窗机器人

该机器人由机器人本体和地面支援小车两部分组成。机器人本体是沿着玻璃表面爬行并完成擦洗动作的主体，重 25 kg，它可以根据实际情况灵活自如地行走和擦洗，而且具有很高的可靠性。地面支援小车属于配套设备，在机器人工作时，负责为机器人供电、供气、供水及回收污水，它与机器人之间通过管路连接。

3. 壁面清洗机器人

目前我国从事大楼壁面清洗机器人研究的还有哈尔滨工业大学和上海大学等高等院校，他们也都有了自己的产品。

壁面清洗机器人（见图 1 - 84）是以爬壁机器人为基础开发出来的，它只是爬壁机器人的用途之一[101]。爬壁机器人的吸附方式有负压吸附和磁吸附两种，大楼壁面清洗机器人采用的是负压

图 1 - 84　壁面清洗机器人

吸附方式[102]。磁吸附爬壁机器人也已在我国问世，并已在许多应用场合得到使用验证。

1.5.3　在防灾救援中的应用

灾害搜救现场的复杂性、灾害救援任务的紧迫性，以及灾害救援工作的危险性一直是国家应急救援部门面临的重大难题，也是世界同行面临的棘手问题。灾害救援机器人（见图 1 - 85 和图 1 - 86）以其体积小、重量轻、机动性好、适应性强、可达区域广，且不惧二次伤害等诸多优点而成为灾害救援的有效工具，并引起全世界的广泛关注。

图 1 - 85　防辐射蛇形机器人

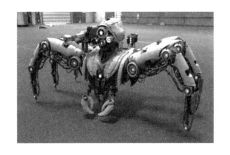

图 1 - 86　仿蜘蛛救援机器人

由图可知，防辐射蛇形机器人、仿蜘蛛救援机器人身型特别，运动灵活，可以在灾难现场自由出没，代替人类在危险、有毒、有害、未知、复杂的场景

中实施侦察、探测、评估、救援作业，已逐渐成为新型的劳动力。

1.5.4 在教育娱乐中的应用

仿生机器人不仅拥有强大的运动能力，还拥有丰富的感情和交流能力。它们可以成为人类的良师益友，尤其在开发儿童的智力方面，机器人可以不厌其烦地持续工作，任劳任怨，完成老师和伙伴等多重工作。经过特殊设计或升级改造，仿生机器人可以变成教育和娱乐机器人，那时，机器人就可以一边给孩子们传授知识，一边给孩子们带来欢乐，让孩子们在求知中进步，在欢乐中成长。除了给孩子们答疑解惑之外，教育和娱乐机器人会唱歌和跳舞，会讲故事和说笑话，让孩子们在学习之余还能享受休闲与放松。

1. 教育机器人

机器人技术综合了多学科的发展成果，代表了高技术的发展前沿，机器人涉及信息技术的多个领域，它融合了多种先进技术，当今世界没有任何一种技术平台会比机器人具有更为强大的综合性和系统性，也没有任何一种技术平台会比机器人具有更为丰富的教育性和实践性[103]。引入教育机器人的教学活动将给中小学的科技创新类课程增添新的活力，成为培养中小学生综合能力、科技素养的优秀平台。

教育机器人是应用于教育领域的机器人，它一般具备以下特点：首先是它具有很好的适用性，符合教学使用的相关需求；其次是它具有良好的性价比，特定的教学用户群决定了其价位不能过高，而功能不能太少；再次就是它具有很强的开放性和可扩展性，可以根据需要方便地增、减功能模块，进行自主创新；此外，它还应当拥有友好的人机交互界面，让孩子们爱不释手，但又不致沉迷其中，难以自拔[104]。

2. 娱乐机器人

娱乐机器人以供人观赏、娱乐为目的，可以像人，像某种动物，像童话或科幻小说中的人物等[105]。它可以行走或完成动作，可以有语言能力，会唱歌，会跳舞，有一定的感知能力。如机器人歌手（见图1-87）、足球机器人（见图1-88）、玩具机器人（见图1-89）、舞蹈机器人（见图1-90）等。

娱乐机器人主要是采用超级 AI 技术、超绚声光技术、可视通话技术、定制效果技术为其赋予独特的个性，通过语音、声光、动作及触碰反应等与人交互；超绚声光技术通过多层 LED 灯及声音系统，呈现超绚的声光效果；可视通话技术是通过机器人的大屏幕、麦克风及扬声器，与异地实现可视通话；而定制效果技术可根据用户的不同需求，为机器人增加不同的表现力和感染力。

图 1-87　机器人歌手

图 1-88　足球机器人

图 1-89　玩具机器人

图 1-90　舞蹈机器人

1.6　为什么要研制仿狗机器人

　　随着科学技术水平的不断提高，人类对于未知事物的探索从未间断过，如对月球和火星的深度探索，等等。然而这些地方的地形是非常复杂的，人们要想从这些地方获取新的发现，就需要机器人的帮助。相比机器人，人类的生命还显得比较脆弱。人类不能亲临的地方，机器人可以到达，代替人类进入危险、困难、未知的地域进行探索，并将相关数据传给人类做进一步研究之用。

　　从运动方式上来看，机器人通常可分为足式、轮式、履带式机器人，从仿生运动方式上来看，机器人有移动、爬行、蠕动及扑翼飞行等形式。由于足式机器人的综合性能最优，故一直是人们研究的重点[106]。

　　众所周知，地球的自然环境中有约一半以上的地区，轮式或履带式机器人难以到达，而往往在这些地形极其复杂的地域却有着较为丰富的资源，具有很大的研究意义。足式机器人在移动能力上具有灵活性、可变性的特点，故其地形适应能力更加突出一些。

通常情况下，足式机器人可分为双足、四足和多足机器人[107]。相对于双足机器人而言，四足机器人具有较好的稳定性；而相对于六足机器人来说，四足机器人具有较为简单的机构复杂度[108]。自古以来，自然界就是人类各种技术思想、工程原理及重大发明的源泉。人类受自然界的启发而获益匪浅，对四足仿生机械的研究也由来已久，前面介绍过，早在中国四大名著之一的《三国演义》中就描述了一种四足机械——木牛流马。当然，早期的四足机器人多偏重于机械结构方面的创意与努力，而现代的四足机器人则更加注重控制效果。从起初的简单逻辑电路控制，到如今的复杂计算机系统控制，四足机器人的控制方式也随着现代科技的发展发生了根本性的变化。

相比而言，国外在四足机器人的控制系统设计、制作方面，起步早，基础厚，经验多，在整体技术水平上领先于国内机器人控制领域。由于四足机器人在民用和军用两个领域都有着巨大的应用市场，近年来一直得到人们的青睐与重视。国内大部分高校也都具有一定的前期研究积累，为进一步开发高智能多功能四足机器人奠定了基础。尤其是近两年来，四足机器人逐渐成为足式机器人的研究热点。但不得不提到的是，四足机器人的数理模型主要是建立在人们对自然界中四足动物的仿生学研究成果基础上，但实际的四足机器人其运动效果却远远落后于自然界中的四足动物。这表明高性能的四足机器人其研制涉及多方面的关键技术，如机构建模技术、传感探测技术、信息融合技术、步态规划技术、深度学习策略，以及精密控制技术等[109]。目前，在理论研究方面，对于四足机器人的结构设计、步态规划、控制策略的研究都较为广泛而深入，但由于四足机器人主要工作在崎岖不平、条件恶劣的环境下，因此对各方面有着更高的要求，比如，人们要求四足机器人必须具有高自主性、高智能性、高灵活性和高适应性。

足式机器人之所以能够适应复杂的地形，其根本原因是其仿生机构具有较高的灵活性和自由性。四足机器人的基本机构多为参考四足动物的骨骼构造所设计。众所周知，自然界的四足动物在运动能力方面有着极大的优越性，这些优点是它们通过长期进化而来的，其根本目标就是为了适应恶劣的外部环境。因此四足动物在复杂地形条件下的运动能力往往极为出色。例如，骆驼可在负载很重的情况下在松软的沙漠中长途行走；山羊可在陡峭的山崖上奔跑如飞；猎豹在草原上奔跑速度之快、转向灵活之妙，令人望尘莫及。这些都可作为研究四足机器人结构设计的经典案例。但令人遗憾的是，目前有关四足机器人机械结构设计的详细介绍很少，大多没有具体涉及如何得到一个稳定可靠的四足机器人机械结构。然而，研究四足机器人的足端轨迹及步态、控制算法及控制系统、机器视觉及地形识别等都要借助于良好的四足机器人机械结构样机，所以解决四足机器人机械部分的设计可为四足机器人的后续研究奠定坚实的技术基础。

　　四足机器人的发展起源可追溯到 20 世纪 60 年代，那时，Shigley 研究了一种新型的腿式结构的机器人，其整体结构主要由四连杆机构和凸轮机构组成。Shigley 的研究工作开始后不久，许多科学家都开始对此机构进行深入研究，并延伸出一系列四足机器人的原始模型。数年之后，美国学者 Mosher 和 Liston 合作开发了一种新型步行车。该机构的传动系统由液压单元提供，腿部装有传感器来反馈运动参数。但是该装置并不能算是第一代四足机器人，因为它是由人在机身上进行完全的实时控制，就像是一台搬运重物的叉车一样，只是在结构上近似于四足机器人。到了 20 世纪 80 年代，南加州大学的 McGhee 和弗兰克一起研制了 PhonyPony 机器人。该机器人由电机作为驱动单元，有两个自由度，可根据已有的状态图进行对角步态行走。20 世纪 90 年代，Dillmann 研制了 BIASM 机器人，该机器人设有腰部结构，增加了机器人的柔性度。此后的数年间，日本工业技术的发展使得该国在机器人研究方面取得了重大进展。例如，在 1981—2002 年期间，日本东京工业大学先后研制了 TITAN 机器人、NINIJ 二代、Hyperion。美国 Boston Dynamics 公司的 Big Dog 视频发布之后，引起了国内外学者的高度重视，视频中的 Big Dog 可行走、奔跑、跳跃，可在丛林、冰面上自主畅行，凭借着这些卓越的性能，Big Dog 一经问世便成为四足机器人的典型代表，如图 1-91 所示。

图 1-91　Big Dog

　　Big Dog 专门为美国军队设计使用，号称是世界上最先进的四足机器人。波士顿动力公司曾测试过，它能够在战场上为士兵运送弹药、食物和其他物品[110-111]。Big Dog 的工作原理是：由汽油机驱动的液压系统能够驱动四肢运动。陀螺仪和其他传感器反馈机器人的位姿信息，机载计算机规划机器人每一步的运动。机器人依靠"感觉"来保持身体的平衡，如果有一条腿比预期更早地碰到了地面，计算机就会认为它可能踩到了岩石或是山坡，然后 Big Dog 就会相应地调节自己的步伐，它的力传感器可探测到地势变化，而且能根据地形变化情况做出调整。Big Dog 的主动平衡性使其可以保持稳定。这种平衡通过四条腿维持，每条腿有三个自由度，并有一个"弹性"关节。该机器人共有 50 个传感器，用以获取机器人的姿态及其他各种必要信息。一台移植 QNX 实时操作系统的 PC104 工控机负责机器人的运动控制、数据采集和外界通信。通过 IP 电台，操作者可以远程发送指令来操纵 Big Dog 的实时运动，并接收机器人返回的各项数据。它的环境适应能力非常强，几乎任何地形都阻挡不了它前进的步伐。

2004 年，波士顿动力公司发布了四足机器人 Little Dog（见图 1 - 92）的相关信息。该机器人有四条腿，每条腿有 3 个驱动器，具有很大的工作空间[112]。该机器人携带的 PC 控制器可以实现感知、电机控制和通信功能。其传感器还可以测量关节转角、电机电流、躯体方位和地面接触信息。锂聚合物电池可以保证其有 30 分钟的运动时间，无线通信和数据传输支持遥控操作和分析。

图 1 - 92　Little Dog 机器人

2005 年，美国俄勒冈州立大学移动机器人实验室联合斯坦福大学共同研制了四足机器人 "KOLT"，如图 1 - 93 所示。该机器人自重约 64 kg，采用电机驱动，由于腿机构的特殊设计使该机器人步速可达 3.78 m/s，主要用来研究在高速疾驰步态下的动力学分析、智能控制技术及分布式控制系统等方面。

图 1 - 93　俄勒冈州立大学机器人 "KOLT"

2011 年，美国波士顿动力公司又发布了关于 "Alpha Dog" 的讯息，该机器人如图 1 - 94 所示。与该公司此前的产品相比，其在体积、负载和动力性能上都有了进一步的提高。该机器人增强了行走能力，改善了人机接口。机器人运行时的噪声也明显降低，并且能够完成倒地后自动恢复站立的动作。"Alpha Dog"可以搬运重约 180 kg 的军用品，还可以利用感应器朝着指定地点前进，在没有燃料补给的情况下可以步行约 32 km[113]。

2012 年，美国波士顿动力公司又发布了其最新研制的四足机器人"猎豹"（如图 1 – 95 所示）的实验视频。猎豹机器人的最大亮点在于灵活的背部关节，在奔跑过程中如猎豹般屈伸自如，可以保持稳定、高速的前进。

图 1 – 94　Alpha Dog 机器人

图 1 – 95　美国"猎豹"机器人

这些形状各异、功能不同的机器人其实都是在 Big Dog 的基础上研制和发展而来的。

除了美国以外，德国、日本、韩国等一些科技发达国家也积极开展了四足机器人相关技术的研究。德国在 1998 年研制了一种名为 BIASM 的四足机器人（见图 1 – 96）。该机器人由躯干、4 条腿和头部组成，总重 14.5 kg。其 4 条腿采用模块化思路设计，完全相同，每条腿具有 4 个关节；肩部转动关节提供侧向摆动自由度，其余 3 个关节平行布置，提供抬腿动作所需的转动自由度。内部装有微控制器、处理器、电池及立体摄像头[114]。该机器人通过三级控制结构对控制任务进行分担。三级结构为：由外部高性能 PC 机负责人机接口交互；由 PC104 负责多腿协调控制；由西门子高性能单片机 C167 负责单腿运动控制。PC104 与外部高性能 PC 机通过无线局域网进行通信。BIASM 还有

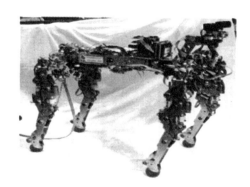

图 1 – 96　德国 BIASM 机器人

两个摄像头，可识别障碍物的形状和距离，并对数据作了简化处理，从而实现了实时控制。

日本电子通讯大学在 2000 年开发了一种名为 Tekken 的仿狗机器人（见图 1 – 97）。其外形尺寸为 30 cm × 14 cm × 27.5 cm，含电池重 4.3 kg，共 16 个关

节，每条腿 4 个关节，3 个主动关节，1 个被动关节，采用直流伺服电机驱动，并配有减速箱、编码盘、陀螺仪、倾角计和接触传感器，控制器采用 PC 机，操作系统为 RT – Linux，通过遥控器操作机器人[115]。

意大利理工学院研制了一款电液混合驱动的四足机器人，名为 HyQ，如图 1 – 98 所示。该机器人腿部具有 3 个自由度，四条腿的侧摆由伺服电机驱动，其他执行单元由液压系统驱动。机器人主控制板为 PC104，采用高性能、低功耗的 Intel 奔腾处理器，内嵌实时 Linux 操作系统[116]。通过多功能 I/O 控制板实现传感器信息的获取。除此以外，控制板还集成了 CAN 总线的通信接口板，实现与电机控制器的通信。DC – DC 转换板完成 24 V 电压向 5 V 电压的转换，为控制器和外围传感器提供电源。电机驱动器采用 Elmo 的 Whistle Solo boards 实现对直流伺服电机的控制。整个系统由于伺服电机执行单元的引入而节省了液压驱动单元的体积。

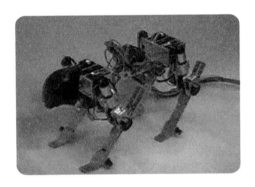

图 1 – 97　日本小型仿狗机器人

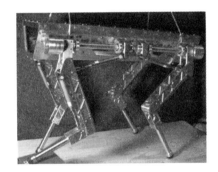

图 1 – 98　HyQ 机器人

韩国工业技术研究院和 Rotem 公司联合研制的液压驱动四足机器人则体积尺寸偏大，如图 1 – 99 所示。该机器人高为 1 m，长为 1 m，宽为 0.5 m。除去液压系统，该机器人自重 60 kg，有效负载达到 40 kg，能够以 1.3 m/s 的速度移动，还能适应凹凸不平的路面。其采用全液压驱动方式，目前已实现两个前足的运动，后足采用万向轮代替。该机器人的控制系统由模式发生器、在线补偿器、本地控制器和传感器过滤器组成。机载控制器控制液压驱动系统，液压驱动系统包括伺服阀、带 CAN 总线的 DSP 以及传感器等。控制系统采用分层结构，板载 PC 实现关节转角控制和传感器信息采集，DSP 控制器实现对伺服阀的控制。

数年前，韩国工业技术研究院的 Tae Ju Kim 等人研制了另一款四足步行机器人 P2，如图 1 – 100 所示。该机器人高 1.2 m，长 1 m，宽 0.4 m，包括四条腿部机构、一个液压能源模块和一个机身框架。每个腿部机构具有 4 个自由度，其中两个髋关节（侧摆与前进），一个踝关节和一个膝关节。腿部机构所有关节全是由小体积、大功率的液压马达来驱动的，从而使机器人能够承受较大的负载并在崎岖路况下高速运动[117]。

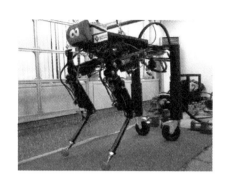 

图 1-99   qRT-2 机器人   图 1-100   P2 机器人

　　国内对四足机器人的研发工作稍显滞后，各研究机构对该类机器人的研究主要集中在近十几年。2011 年的 863 计划，即国家高技术研究发展计划，表明了国内开始了对四足机器人的深层次研究。山东大学、哈尔滨工业大学、北京理工大学、国防科技大学等高校的一些科研团队，集中开始了四足机器人的研发工作[118]。在此之后，各高校分别公布了不同形态的四足机器人。经过实验，这些四足机器人可简单地行走在坡面或泥泞的路面上。清华大学最先开发了一款名为 Biosbot 的机器人。Biosbot 可说是国内第一台四足机器人，该机器人整体结构尺寸较小，总体质量仅为 5.7 kg。机械结构上是铝合金材料。Biosbot 能够平稳地执行行走和小跑步态，速度最快 0.2 m/s 左右[119]。此外，Biosbot 也能够行走在复杂的地面上，如斜坡路面等。上海交通大学研制的四足机器人，腿部结构的驱动单元都被上调到了本体支架处，属于混联机构，因此减轻了腿部的质量，该机器人可完成动、静步态的移动，每个腿上有 1 个主动关节，3个被动关节，主动关节的伺服直流电机提供动力来源。山东大学也公布了一款液压驱动四足机器人，在结构上近似于美国的 Big Dog，有摆动的自由度和前后伸缩的液压缸驱动，可进行动步态行走，在行走速度上有很大提高。据统计调查，这是中国第一台液压驱动高速行走的四足机器人。其他像哈尔滨工业大学，国防科技大学，北京理工大学在液压驱动四足机器人方面也都取得了很大进展[120]。

　　综上所述，世界各国已经深刻意识到研究仿生四足机器人的重要性，并且正积极开展该领域的研究，有些研究机构已经研究出了具有一定功能性、可靠性和运动自主性的仿生四足机器人。

1.7 狗狗的运动

1.7.1 仿生学及四足动物的生理结构

仿生学是新兴发展起来的一门学科。从古至今，人类模仿动物的行为，借鉴动物的功能，作为科学研究和技术探索的辅助手段从未停止。仿生学的迅速发展为仿生机构的研究提供了重要支撑。高等机构学在这一领域的迅速发展，使仿生机器人也有了发展的理论依据。因此，借鉴动物的运动形态对四足机器人进行辅助设计，也就诞生了这种新的思想。为了提高四足机器人对环境的适应性，使机器人在复杂的地域具有更高的灵活性和可控性，需要借助仿生学对机器人进行必要的改进。动物的运动是在其肢体各部分协同控制的条件下完成的，在研究足式机构之前对动物的肢体结构进行细致研究，无疑会为步行机构的研究提供重要的参考价值。在研究四足动物时必须要对其骨骼构造进行分解研究。图 1 – 101 所示为常见四足动物的体型结构图。

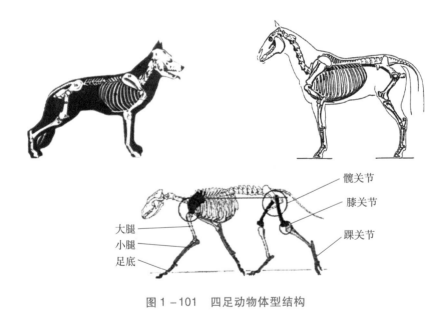

图 1 – 101　四足动物体型结构

1.7.2 步行动物腿足的普遍规律

哺乳动物的运动是以骨为杠杆，关节为枢纽，肌肉收缩为动力来完成的。

物竞天择，适者生存，由于生存环境不同，动物的四肢也向着各种不同的类型
演化，如图 1 – 102 所示。特别是哺乳动物中的灵长目，发展到猴和猿的阶段，
已能站立起来走路，前肢已演化为手，原来走路的功能相对地消失了。

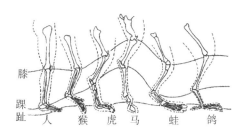

膝
踝
趾　人　猴　虎　马　蛙　鸽

图 1 – 102　不同动物的腿和足部形态

　　美国学者 Michael Mattesi 将哺乳动物分为跖行动物、趾行动物、蹄行动
物类，并基于人类的解剖结构形象地画出了三类动物的运动形态原理图（见
图 1 – 103）[121 – 122]。

　　跖行是指用脚板触地行走，缺少弹力，所以跑不快，如奔跑速度较慢的熊
类和猿猴类动物；趾行是指利用趾部站立行走[123]。这类动物前肢的掌部和腕
部，后肢的趾部和跟部永远是离地的，都以善跑出名，如虎、豹、狗等爪类的
动物；蹄行是指利用指尖或趾甲来行动，四肢的指甲和趾甲不断扩大，逐渐退
化成坚硬的"蹄"，如牛、羊、马等。

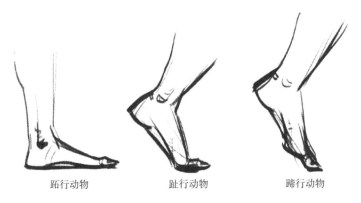

跖行动物   趾行动物   蹄行动物

图 1 – 103　跖行、趾行、蹄行示意图

　　单腿的腿部关节布置形式通常有膝式和肘式两种，如图 1 – 104 所示，组合起来则有四种腿型配置，分别是前膝后肘型、前肘后膝型、全肘型和全膝型[124]。通过观察人及部分动物的腿部构造，人们发现，后肢的后膝式关节配置可以极大地增大奔跑过程中脊柱弯曲成弓形时身体的可"压缩"程度，储存更多的弹性势能，进而爆发出更强的奔跑能力，如图 1 – 105 所示。

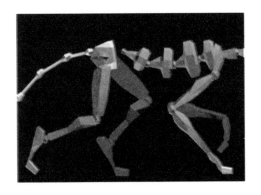

图 1 – 104　膝式和肘式

图 1 – 105　后膝式关节

　　所以对于四足机器人而言，其腿型的配置，即腿部关节的布置形式也是极为重要的，决定着机器人的运动学和动力学性能。四足机器人的腿型配置形式多样，关系复杂，以每条腿两部分腿节三自由度四足机器人为例，在此再度说明：单腿的腿部关节布置形式通常有膝式和肘式两种，如图 1 – 106 所示；组合起来则有四种腿型配置，分别是全肘式、全膝式、前膝后肘式和前肘后膝式，如图 1 – 107 所示。

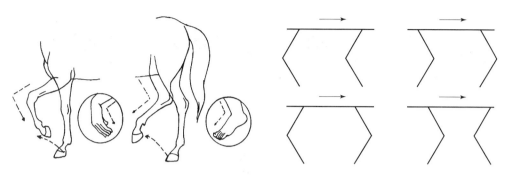

图 1 -106　膝式和肘式关节　　　　　　　　　图 1 -107　四种腿型配置

目前，国内外处于实验阶段和已经加工出样机的四足机器人中，四种腿型配置形式都有，都可以实现基本的行走功能。其中，Big Dog 2008、Little Dog、AIBO、HyQ、Biosbot 等采用前肘后膝型；最近两年，Boston Dynamics 基于 DARPA 和 US Marine Corps 资助最新研制的 Alpha Dog Proto 和 LS3 均采用前膝后肘型；BIASM、Big Dog 2005 等采用全膝型；Tekken Ⅱ、Puppy、KOLT 等则采用全肘型。

张秀丽、郑浩军等在《A biological inspired quadruped robot：structure and control》一文中研究了四种不同的腿型形态，通过仿真和实验，都可实现行走，但全肘和全膝腿型在某些情况下会出现拖地、侧滑等情况，她们推测可能是由于中心位置（COG）在运动中发生了偏移所致[125]。

从通常意义上讲，不同种类的动物，相当于利用不同的足部着地方式变相地改变了腿部比例，增加关节高度会增强其腿部弹性并延长步幅长度，从而提升该运动形态的一般速度。

自然界中的四足动物种类繁多，腿的构造也是多种多样，为我们提供了数目众多的仿生样本。国内外相关四足机器人研究大多以狗、马等典型四足动物为仿生对象。由于人们对狗已经做过大量解剖学及生物力学研究。因此，选择狗为仿生研究对象，总结其骨骼和肌肉规律，并为设计工作提供指导方向相对简便易行。

由于生物经过长期进化已经适合生存，故在设计初期人们往往可借助动物的体型及行为作为研究的依据[126]。狗像大多数四足动物一样，腿部一般包括髋、膝和踝各个关节。在行走过程中髋关节实现前后的摆动和侧摆调整方向，因此在结构上应该包括两个自由度，膝关节可简化为一个自由度的前后摆动，踝关节可简化为弹性单元，减少冲击力对机体的损伤，腿部的这些自由度帮助狗实现了稳定的行走，使其可以行走、奔跑。以上结构均为四足机器人机械部分的设计提供了参考依据。图 1 -108 所示为狗的几种运动形式。

图 1 – 108　狗的运动形式

1.8　我叫仿狗机器人

　　本书设计的四足机器人（见图 1 – 109）虽然没有生物狗那么快的奔跑速度，也没有生物狗那么灵的嗅觉器官，可是外表看起来足以起到以假乱真的效果了。很多研究数据表明，腿的结构形式和布局方式对四足机器人的运动没有太大影响，也有研究数据表明，腿的结构形式和布局方式对四足机器人躯干的受力同样没有太大影响。所以本书的作者们对该四足机器人的仿生结构进行了适当简化，还在脚上为它安装了"风火轮"，使这条仿狗机器人既萌态十足，又敏捷善动。

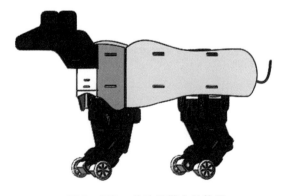

图 1 – 109　仿狗机器人结构图

第 2 章
我身体的由来

2.1 我的能量源

　　谈到我的身体，就必须先从我的能量来源说起，因为能量系统是机器人必不可少的组成部分。没有能量来源的机器人，哪怕它的机构再精巧、功能再复杂、性能再优异，这个机器人也会因没有能量的驱动而无法动弹。在各种供能系统中，电池是最方便得到并最易于控制的，所以大多数机器人都采用电池进行能量供应。由于仿狗机器人要求能够机动灵活地运动，特别是要求它在狭小空间内也能够自由穿梭往来，采用拖缆方式进行有线供电显然是不行的，因此必须通过使用电池进行无拖缆供电。还要看到的是，仿狗机器人体积小、重量轻、动力不够充沛、负载不够强大，因此在满足续航时间要求的前提下，还要使其电源系统尽可能实现轻量化、小型化、节能化，以便尽可能多地为仿狗机器人提供动力。

2.1.1 我的"能量源"其实是电池

化学电源是电源中的一种，在移动机器人领域中用得较多，其核心组成部分是化学电池（简称电池），是一种直接把化学能转变成低压直流电能的装置。说到化学电源其实就是指电池。图 2-1 所示太极图可以很好地解释什么是电池。由该图可知，最外面的圆圈是电池壳；阴阳鱼是两个电极，白色是阳极，黑色是阴极；它们之间的"S"分界线是电解质隔膜；阴阳鱼头上的两个圆点是电极引线[127]。用导线将电极引线和外电路连接起来，就有电流通过（放电），从而获得电能。放电到一定程度后，有的电池可用充电的方法使活性物质恢复，从而得到再生，又可反复使用，称为蓄电池（或二次电池）；有的电池不能充电复原，则称为原电池（或一次电池）。电池具有性能可靠、使用方便、便于携带，且其容量、电流和电压可在相当大的范围内任意组合等许多优点，因而在通信、计算机、家用电器和电动工具等方面以及军用领域都得到了广泛的应用[128]。

图 2-1　电池工作原理图（太极图）

21 世纪以来，电池与能源的关系越来越密切。众所周知，能源与人类社会的生存和发展密切相关。持续发展是全人类的共同愿望与奋斗目标。但地球上的矿物资源经过人类长期竭泽而渔的开采，已经所剩无几，很快就将枯竭，这既是大家的共识，也是人们的担忧所在。我国是一个能源资源并不丰富的国家，石油储量不足世界的 2%，仅够再用 40 余年；即使是占我国目前能源构成 70% 的煤矿，也只够用 100 余年。我国的能源形势十分严峻，能源安全面临严重挑战。尤其令人担心的是，矿物燃料燃烧时，要释放出大量的 SO_2、CO、CO_2、NO 等，这些物质对环境十分有害，遗患无穷。

随着世界各国能源消耗量的增长，全球 CO_2 的释放量也在快速增加，这是地球气候变暖的重要原因，会对全球生态环境造成严重的破坏，危及人类的生存[129]。在 21 世纪里，解决日趋严重的能源短缺问题和日益加剧的环境污染问题，是全球科学技术界面临的最大挑战，也是对电池发起的挑战。因为各种高能电池和燃料电池在解决人类社会面临的上述难题中将发挥极其重要的作用[130]。

为了降低石油和煤炭的使用量，减轻城市和乡村遭受的污染，发展电动车等各种采用电池供电的用电设备是当务之急，而它们的关键就是电池，且最好是可以反复充电、多次使用的储能电池。现有的可充电电池有铅酸电池、镉镍电池（Cd/Ni）、金属氢化物镍电池（MH/Ni）和锂离子电池等。这些储能电池有两方面的意义：一方面是可以更有效地利用现有能源；另一方面是可以开发利用新能源。目前，电网的负载有高峰和低谷之分，有效储存和利用低谷电，对于能源短缺的我国来说实在太重要了。在储存低谷电的多种方案中，用电池储能是最可取的。当前，我国许多地方都在大力发展太阳能和风能等新能源，由于太阳能和风能都是间隙能源，有风、有阳光时才能发出电来。为了防止在供电上出现缓不济急的现象，对于广大农村和社区来说，用电池来储存人们利用太阳能和风能发出的电量，构建分散能源，以保随时用电之需，将是最好的解决方案。

正因为电池在国民经济中起着越来越重要的作用，我国的电池工业发展十分迅速。目前，国内每年生产的各种型号电池达到 120 亿只，占世界电池产量的 1/3，为世界电池生产第一大国[131]。我国已经成为世界电池的主要出口国，锌锰电池绝大部分出口；镍氢电池一半以上出口；铅酸电池，特别是小型铅酸电池的出口量增长也很大；锂离子电池的世界市场已呈日、中、韩三足鼎立之势。

2.1.2 我的电源系统如何组成

在机器人领域，移动机器人（仿狗机器人就是一种移动机器人）的电源系统主要由电池、输入保护电路、控制器稳压电路、通道开关、稳压输出模块等组成，如图 2 - 2 所示。

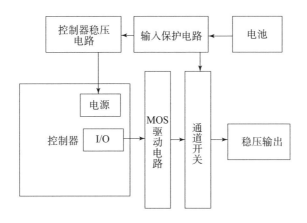

图 2 - 2　小型移动机器人电源系统示意图

机器人中的一些核心器件，如控制器和舵机等，都需要稳定的供电才能保障其正常运行。有些高级的机器人可能需要几组不同的电压。比如，驱动电机需要用到 12 V 的电压、2 ~ 4 A 的电流，而电路板却需要用到 + 5 V 或 - 5 V 的电压。对于这些需要不同电压和电流进行供电的场合，人们可以采用几种不同的方法来获得多组电压，其中最简单和最直接的方法就是用几个电池组进行有区别的供电，比如，电机可采用大容量铅酸电池供电，电路则采用小容量镍镉电池供电。这种方法对装有大电流驱动电机的机器人是最为适宜的，因为电机工作时会产生电噪声，通过电源线串到电路时，会对电路产生一定的干扰。另外，由于电机启动时几乎吸收了电源的全部电流，造成电路板供电电压下降，会使电路损坏或单片机程序丢失。用分开电源供电则可避免这些现象（电机产生的另一种干扰是电火花，会造成射频干扰）。还有一种获得多组电压的方法，它是用主电源通过稳压输出多组电压，供不同部件使用，这种方法也叫 DC – DC 变换，可以用专用电路或 IC 实现不同的电压输出[132]。例如，12 V 电池可以通过稳压电路输出 12 V 以下的各种电压，其中 12 V 的电压可以直接驱动电机，而 5 V 的电压则可供给电路板。

当电源模块输入反接或者输入电压过高时将会烧毁大部分器件，因此在电源入口处设置了输入保护电路，保护以控制器为主的电子元器件[133]。

2.1.3　我的电源系统有何作用

人需要依靠进食来补充能量，同样机器人因运动消耗能量，也需要不断补充能量，电池就是机器人的能量来源。实际上，现实的机器人与科幻作品中的机器人是有重大区别的。科幻作品中的机器人似乎总有使不完的力气，它们采用核动力或者太阳能电池，充满电后，很长时间才会消耗光。其实，受制于核技术的现实水准，人们还无法为机器人配备合适的核动力系统；各种太阳能电池目前也无法为机器人的运动系统提供足够的动力。此外，太阳能电池也没有足够的存储电能的能力。因此，目前大部分内置电源的实用型机器人（尤其是移动机器人）都是由电池供电的。电池是机器人的有机组成部分，与主板、电机，以及计算机控制单元同等重要。对仿狗机器人来说，电池就是其生命的源泉，没有电池，仿狗机器人功能俱失，等同于一堆破铜烂铁。

2.2　锂离子电池

2.2.1　锂离子电池的前世今生

锂离子电池是一种可充电电池。与其他类型的电池相比，锂离子电池有非常低的自放电率、低维护性和相对较短的充电时间，还有重量轻、容量大、无记忆效应、不含有毒物质等优点。常见的锂离子电池主要是锂 – 亚硫酸氯电池。这种电池的优点有很多，例如单元标称电压为 3.6 ~ 3.7 V，在常温中以等电流密度放电时，其放电曲线极为平坦，整个放电过程中电压十分平稳，这对众多用电产品来说是极为宝贵的。另外，在 -40℃的情况下，锂离子电池的电容量还可以维持在常温容量的50%左右，具有极为优良的低温操作性能，远超镍氢电池[134-135]。加上其年自放电率为2%左右，一次充电后贮存寿命可长达10年，这使得锂离子电池获得人们的青睐。尽管锂离子电池的价格相对来说比较昂贵，但与镍氢电池相比，锂离子电池的重量较镍氢电池轻30%~40%，能量比却高出60%。正因为如此，锂离子电池生产量和销售量都已超过镍氢电池，目前已在数码娱乐产品、通信产品、航模产品、移动机器人等领域拥有了广阔的"用武之地"。

1. 发展过程

1970年，美国埃克森公司的 M. S. Whittingham 采用硫化钛作为正极材料，金属锂作为负极材料，制成首个锂电池。电池组装完成后电池即有电压，不需充电[136]。锂离子电池（Li-ion Batteries）是锂电池发展而来的。举例来说，以前照相机里用的纽扣电池就属于锂电池。这种电池也可以充电，但循环性能不好，在充放电循环过程中容易形成锂结晶，造成电池内部短路，所以一般情况下这种电池是禁止充电的。

1982年，美国伊利诺伊理工大学的 R. R. Agarwal 和 J. R. Selman 发现锂离子具有嵌入石墨的特性，此过程是快速且可逆的[137]。由于当时采用金属锂制成的锂电池，其安全隐患备受关注，因此人们尝试利用锂离子嵌入石墨的特性来制作充电电池。首个可用的锂离子石墨电极由美国贝尔实验室试制成功。

1983年，M. Thackeray、J. Goodenough 等人发现锰尖晶石是优良的正极材料，具有低价、稳定和优良的导电、导锂性能，其分解温度高，且氧化性远低于钴酸锂，即使出现短路和过充电现象，也能够避免燃烧和爆炸的危险。

1989年，A. Manthiram 和 J. Goodenough 发现采用聚合阴离子的正极将产生更高的电压。

1992年，日本索尼公司发明了以碳材料为负极，含锂化合物作正极的锂电池，在充放电过程中，没有金属锂存在，只有锂离子，这就是锂离子电池。随后，锂离子电池给消费电子产品带来了巨大变革。此类以钴酸锂作为材料正极的电池，至今仍是便携式电子器件的主要电源。

1996年，Padhi 和 Goodenough 等人发现具有橄榄石结构的磷酸盐，例如磷酸铁锂（$LiFePO_4$），比传统的正极材料更具安全性，尤其耐高温、耐过充电性能远超传统锂离子电池材料。

纵观电池发展的历史，可以看出当今世界电池工业发展的三个特点：一是绿色环保电池迅猛发展，包括锂离子电池、氢镍电池等；二是一次电池向蓄电池转化，这符合可持续发展战略；三是电池进一步向小、轻、薄方向发展。在商品化的可充电池中，锂离子电池的比能量最高，特别是聚合物锂离子电池，可以实现可充电池的薄形化[138,139]。正因为锂离子电池体积小、质量小、能量高，可反复充电且无污染，具备当前电池工业发展的三大特点，因此在发达国家中得到了较快增长。电信、信息市场的发展，特别是移动电话和笔记本电脑的大量使用，给锂离子电池带来了巨大的市场机遇。而锂离子电池中的聚合物锂离子电池以其在安全性上的独特优势，将逐步取代液体电解质锂离子电池，成为锂离子电池的主流。所以聚合物锂离子电池被誉为"21 世纪的电池"，将开辟蓄电池的新时代，发展前景十分可观。

2015 年 3 月，日本夏普公司与京都大学田中功教授联手，成功研发出了使用寿命可达 70 年之久的锂离子电池。此次试制出的长寿锂离子电池，体积为 8 cm^3，充放电次数可达 2.5 万次[140]。夏普方面表示，该长寿锂离子电池实际充放电 1 万次之后，其性能依旧十分稳定。

2. 组成部分

（1）正极——活性物质一般为锰酸锂、钴酸锂、镍钴锰酸锂材料，电动自行车电池的正极普遍用镍钴锰酸锂（俗称三元）或者三元 + 少量锰酸锂作材料，纯的锰酸锂和磷酸铁锂则由于体积大、性能不好或成本高而逐渐淡出。导电极流体使用厚度 10 ~ 20 μm 的电解铝箔[141]。

（2）隔膜——它是一种经特殊成型的高分子薄膜，其上有微孔结构，可以让锂离子自由通过，而电子却不能通过[142]。

（3）负极——活性物质为石墨，或近似石墨结构的碳，导电极流体使用厚度 7 ~ 15 μm 的电解铜箔。

（4）有机电解液——它是溶解有六氟磷酸锂的碳酸酯类溶剂，聚合物锂离子电池则使用凝胶状电解液。

（5）电池外壳——分为钢壳（方形很少使用）、铝壳、镀镍铁壳（圆柱电池使用）、铝塑膜（软包装）等，还有电池的盖帽，也是电池的正负极引出端[143]。

3. 主要种类

根据锂离子电池所用电解质材料的不同，锂离子电池分为液态锂离子电池和聚合物锂离子电池两类[144]。可充电锂离子电池是目前手机、笔记本电脑等现代数码产品中应用最广泛的电池，但它较为娇气，在使用中不可过充或过放，否则会损坏电池。因此，在电池上装有保护元器件或保护电路以防止电池受损。锂离子电池充电的要求很高，要保证终止电压精度在 ±1% 之内，各大半导体器件厂已开发出多种锂离子电池充电的 IC，以保证安全、可靠、快速地充电。

手机基本上都使用锂离子电池。正确使用锂离子电池对延长其寿命十分重要。锂离子电池根据不同电子产品的要求可以做成扁平长方形、圆柱形及纽扣式，并且有由几个电池串联或并联在一起组成的电池组。锂离子电池的额定电压一般为 3.7 V，磷酸铁锂为正极的则为 3.2 V。充满电时的终止充电电压一般电池是 4.2 V，磷酸铁锂的则是 3.65 V。锂离子电池的终止放电电压为 2.75~3.0 V（电池厂给出工作电压范围或给出终止放电电压，各参数略有不同，一般为 3.0 V，磷酸铁锂的为 2.5 V）。低于 2.5 V（磷酸铁锂为 2.0 V）继续放电称为过放，过放对电池会产生损害。

以钴酸锂类型材料为正极的锂离子电池不适合用作大电流放电，过大电流放电时会降低放电时间（内部会产生较高的温度而损耗能量），并可能发生危险；但以磷酸铁锂材料为正极的锂离子电池可以以 20C 甚至更大（C 是电池的充/放电倍率，如电池容量为 800 mAh，1C 充电率即充电电流为 800 mA，则电池需 1 小时充满）的大电流进行充放电，特别适合电动车使用。因此电池生产工厂给出了最大放电电流，但在使用中应小于最大放电电流。锂离子电池对温度有一定要求，工厂给出了充电温度范围、放电温度范围及保存温度范围，过压充电会造成锂离子电池永久性损坏。锂离子电池充电电流应根据电池生产厂的建议，并要求有限流电路以免发生过流（过热）。一般常用的充电倍率为 0.25~1C。在大电流充电时往往要检测电池温度，以防止过热损坏电池或产生爆炸。

锂离子电池充电分为两个阶段：先恒流充电，到接近终止电压时改为恒压充电。例如，一种 800 mAh 容量的电池其终止充电电压为 4.2 V。电池以 800 mA（充电倍率为 1C）恒流充电，开始时电池电压以较大的斜率升压，当电池电压接近 4.2 V 时，改成 4.2 V 恒压充电，电流渐降，电压变化不大，到充电电流降为 1/10~1/50C（各厂设定值不一，不影响使用）时，认为接近充满，可以终止充电（有的充电器到 1/10C 后启动定时器，过一定时间后就结束充电）。

4. 工作效率

锂离子电池能量密度大、平均输出电压高、自放电小。好的锂离子电池，每月自放电在 2% 以下（可恢复），没有记忆效应。工作温度范围 -20~60℃。循环性能十分优越，可快速充放电，充电效率高达 100%，而且输出功率大，使用寿命长，不含有毒有害物质，故被称为绿色电池。

5. 制作工艺

锂离子电池的正极材料有钴酸锂 $LiCoO_2$、三元材料 $Ni + Mn + Co$、锰酸锂 $LiMn_2O_4$ 加导电剂和黏合剂，涂覆在铝箔上形成正极；负极是层状石墨加导电剂及黏合剂，涂覆在铜箔基带上形成负极。比较先进的负极层状石墨颗粒已采用纳米碳。制作工艺如下：

（1）制浆——用专门的溶剂和黏合剂分别与粉末状的正负极活性物质混

合，经搅拌均匀后制成浆状的正负极物质[145]。

（2）涂膜——通过自动涂布机将正负极浆料分别均匀地涂覆在金属箔表面，经自动烘干后自动剪切制成正负极极片。

（3）装配——按正极片—隔膜—负极片—隔膜自上而下的顺序经卷绕注入电解液、封口、正负极耳焊接等工艺过程，即完成锂离子电池的装配过程，制成成品锂离子电池。

（4）化成——将成品锂离子电池放置在测试柜进行充放电测试，筛选出合格的成品锂离子电池，等待出厂。

6. 锂离子电池的保存

锂离子电池自放电率很低，可保存 3 年之久，而且大部分容量可以恢复[146]。若在冷藏条件下保存，效果会更好。所以将锂离子电池存放在低温地方不失是一个好方法。

如果锂离子电池的电压在 3.6 V 以下而需长时间保存，会导致电池过放电而破坏电池的内部结构，减少其使用寿命。因此长期保存的锂离子电池应当每 3~6 个月补电一次，即充电到电压为 3.8~3.9 V（其最佳储存电压为 3.85 V 左右）为宜，但不宜充满。

锂离子电池的应用温度范围很广，在冬天的北方室外仍可使用，但容量会降低很多，如果回到室温条件下，容量又可以恢复[147]。

7. 锂离子电池的新发展

（1）聚合物类锂离子电池。

聚合物锂离子电池是在液态锂离子电池基础上发展起来的，以导电材料为正极，碳材料为负极，电解质采用固态或凝胶态有机导电膜组成，并采用铝塑膜做外包装的最新一代可充电锂离子电池[148]。由于性能更加稳定，因此它也被视为液态锂离子电池的更新换代产品。目前，国内外很多电池生产企业都在开发这种新型电池。

（2）动力类锂离子电池。

动力类锂离子电池是指容量在 3 Ah 以上的锂离子电池，泛指能够通过放电给设备、器械、模型、车辆等驱动力的锂离子电池。由于使用对象的不同，电池的容量可能达不到 Ah 的单位级别。动力类锂离子电池分高容量和高功率两种类型。高容量电池可用于电动工具、自行车、滑板车、矿灯、医疗器械等；高功率电池主要用于混合动力汽车及其他需要大电流充放电的场合。根据内部材料的不同，动力类锂离子电池相应地分为液态动力锂离子电池和聚合物锂离子动力电池两种，统称为动力类锂离子电池。

（3）高性能类锂离子电池。

为了突破传统锂电池的储电瓶颈，人们研制出一种能在很小的储电单元内储存更多电力的全新铁碳储电材料。但此前这种材料充电周期不稳定，在电池多次充放电后储电能力明显下降，限制了其应用。为此，人们改用了一种新的合成方法，用几种原始材料与一种锂盐混合并加热，由此生成了一种带有含碳纳米管的全新纳米结构材料。这种方法在纳米尺度材料上一举创建了储电单元和导电电路。这种稳定的铁碳材料的储电能力已达到现有储电材料的两倍，而且生产工艺简单，成本较低，而其高性能可以保持很长时间。领导这项研究的马克西米利安·菲希特纳博士说，如果能够充分开发这种新材料的潜力，将来可以使锂离子电池的储电密度提高 5 倍。

锂离子电池可以应用到各种领域中，因此其类型也具有多样性。目前市场上的锂离子电池主要有三种类型，即纽扣式、方片形和圆柱形（如图 2 - 3 所示）。国外已经生产的锂离子电池类型有圆柱形、棱柱形、方形、纽扣式、薄型和超薄型。

图 2 - 3 常见锂离子电池类型

2.2.2 锂离子电池的工作原理

锂离子电池以碳素材料作负极，以含锂化合物作正极。由于在电池中没有金属锂存在，只有锂离子存在，故称之为锂离子电池。锂离子电池是指以锂离子嵌入化合物为正极材料电池的总称[149]。锂离子电池的充放电过程就是锂离子的嵌入和脱嵌过程。在锂离子的嵌入和脱嵌过程中，同时伴随着与锂离子等当量电子的嵌入和脱嵌（习惯上正极用嵌入或脱嵌表示，而负极用插入或脱插表示）。在充放电过程中，锂离子在正、负极之间往返嵌入/脱嵌和插入/脱插，所以被形象地称为"摇椅电池"。

当对锂离子电池进行充电时，电池正极上有锂离子生成，生成的锂离子经过电解液运动到负极[150]。作为负极的碳素材料呈层状结构，内部有很多微孔，到达负极的锂离子就嵌入到碳层微孔中。嵌入的锂离子越多，充电容量就越高。同样，当对电池进行放电时（即使用电池的过程），嵌在负极碳层中的锂离子脱出，又运动回正极。回到正极的锂离子越多，放电容量就越高[151]。锂离子电池的工作原理如图 2 - 4 所示。一般锂离子电池充电电流设定在 $0.2 \sim 1C$ 之间，电流越大，充电越快，同时电池发热也越大。而且采用过大的电流来充电，容量不容易充满，这是因为电池内部的电化学反应需要时间，就跟人们倒啤酒一样，倒得太快的话容易产生泡沫，盈满酒杯，反而不容易倒满啤酒。

锂离子电池由日本索尼公司于 1990 年最先开发成功，它把锂离子嵌入碳（石油焦炭和石墨）中形成负极（传统锂电池用锂或锂合金作负极），正极材料常用 Li_xCoO_2，也有用 Li_xNiO_2 和

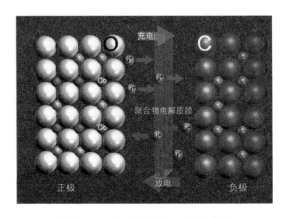

图 2 - 4　锂离子电池工作原理图

Li_xMnO_4 的，电解液用 $LiPF_6$ + 二乙烯碳酸酯（EC） + 二甲基碳酸酯（DMC）[152]。

石油焦炭和石墨作负极材料无毒，且资源充足。锂离子嵌入碳中，克服了锂的高活性，解决了传统锂电池存在的安全问题。正极 Li_xCoO_2 在充、放电性能和寿命上均能达到较高水平，同时还使成本有所降低，总之锂离子电池的综合性能提高了[153]。

2.2.3　锂离子电池的使用特点

对电池来说，正常使用就是放电的过程。锂离子电池放电需要注意几点：

（1）放电电流不能过大。过大的电流会导致电池内部发热，可能造成永久性损害。从图 2 - 5 可以看出，电池放电电流越大，放电容量就越小，电压下降也更快[154]。

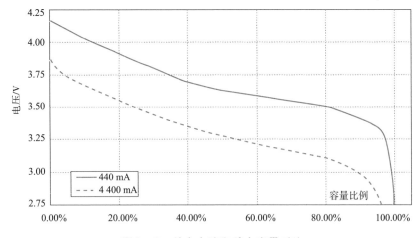

图 2 - 5　放电电流和放电容量对比

（2）绝对不能过度放电。锂离子电池存储电能是靠可逆的电化学变化实现的，过度放电会导致这种电化学变化发生不可逆反应，因此锂离子电池最怕过度放电。一旦放电电压低于 2.7 V，将可能导致电池报废。不过一般电池的内部都安装了保护电路，电压还没低到损坏电池的程度，保护电路就会起作用，停止放电。

2.2.4 锂离子电池的充放电特性

1. 锂离子电池的放电

（1）锂离子电池的终止放电电压。

锂离子电池的额定电压为 3.6 V（有的产品为 3.7 V），终止放电电压为 2.5~2.75 V（电池生产厂给出工作电压范围或给出终止放电电压，各参数略有不同）。电池的终止放电电压不应小于 2.5 V $\times n$（n 是串联的电池数），低于终止放电电压后还继续放电称之为过放，过放会使电池的寿命缩短，严重时会导致电池失效[155]。电池不用时，应将电池充电到保有 20% 的电容量，再进行防潮包装保存，3~6 个月检测电压 1 次，并进行充电，保证电池电压在安全电压值（3 V 以上）的范围内。

（2）放电电流。

锂离子电池不适合用作大电流放电，大电流放电时其内部会产生高温，从而损耗能量，减少放电时间。若电池中无保护元件还会因过热而损坏电池[156]。因此电池生产厂给出了最大放电电流，在使用中不能超过产品特性表中给出的最大放电电流。

（3）放电温度。

锂离子电池在不同温度下的放电曲线是不同的。不同温度下，锂离子电池的放电电压及放电时间也不同，电池应在 -20~60℃ 温度范围内进行放电（工作）。

2. 锂离子电池的充电

使用锂离子电池时须注意，电池放置一段时间后则进入休眠状态，此时其电容量低于正常值，使用时间亦随之缩短。但锂离子电池很容易激活，只要经过 3~5 次正常的充放电循环就可激活电池，恢复正常容量。锂离子电池本身的特性决定了它几乎没有记忆效应。因此新锂离子电池在激活过程中，是不需要特别的方法和设备的。

（1）充电设备。

对锂离子电池充电应使用专用的锂离子电池充电器。锂离子电池充电采用"恒流/恒压"方式，先恒流充电，到接近终止电压时改为恒压充电。

应当注意不能用充镍镉电池的充电器（充三节镍镉电池的）来充锂离子电

池（虽然额定电压一样，都是 3.6 V），但由于充电方式不同，容易造成过充。

（2）充电电压。

充满电时的终止充电电压与电池负极材料有关，焦炭为 4.1 V，石墨为 4.2 V，一般称为 4.1 V 锂离子电池及 4.2 V 锂离子电池。在充电时应注意 4.1 V 的电池不能用 4.2 V 的充电器进行充电，否则会有过充的危险（4.1 V 与 4.2 V 的充电器所用的 IC 不同）。锂离子电池对充电的要求很高，它设有精密的充电电路以保证充电的安全。终止充电电压精度允差为额定值的 ±1%（例如，充 4.2 V 的锂离子电池，其允差为 ±0.042 V），过压充电会造成锂离子电池永久性损坏。

（3）充电电流。

锂离子电池充电电流应根据电池生产厂的建议确定，并要求有限流电路以免发生过流（过热）。一般常用的充电倍率为 $0.25 \sim 1C$，推荐的充电电流为 $0.5C$。

（4）充电温度。

对锂离子电池充电时其环境温度不能超过产品特性表中所列的温度范围。电池应在 $0 \sim 45℃$ 温度范围内进行充电，远离高温（高于 $60℃$）和低温（$-20℃$）环境。

锂离子电池在充电或放电过程中若发生过充、过放或过流时，会造成电池的损坏或降低其使用寿命。为此人们开发出各种保护元件及由保护 IC 组成的保护电路，它安装在电池或电池组中，使电池获得完善的保护。但在锂离子电池的使用中应尽可能防止过充电及过放电。例如，小型仿狗机器人所用电池在充电过程中，快充满时应及时与充电器进行分离。放电深度浅时，循环寿命会明显提高。因此在使用时，不要等到机器人提示电池电能不足时才去充电，更不要在出现提示信号后还继续使用，尽管出现此信号时还有一部分残余电量可供使用。

2.3　锂聚合物电池

2.3.1　锂聚合物电池的点点滴滴

锂离子电池具有很多优点，但它并非完美无缺。高的能量密度和低的自放电率使它相对其他电池占有一定优势，但它依然面临一些影响其使用寿命和安全性的困惑。

首先影响锂离子电池声誉的是其安全性问题。相对于铅酸蓄电池、镍氢电池等具备较强的抗过充、过放电的能力，锂离子电池在充、放电时容易出现险情。锂离子电池的充电截止电压必须限制在 4.2 V 左右，如果过充，锂离子电池将会过热、漏气甚至发生猛烈的爆炸。另一方面，锂离子电池具有严格的放电底限电压，通常为 2.5 V，如果低于此电压继续放电，将严重影响电池的容量，甚至对电池造成不可恢复的损坏。因此，在使用锂离子电池组时必须配备专门的过充电、过放电保护电路。

其次影响锂离子电池声誉的是价格。锂离子电池的价格较高，并且需要配备保护电路，因此相同能量的锂离子电池其价格是免维护铅酸蓄电池的 10 倍以上。为了解决这些问题，出现了锂聚合物电池（Li – Polymer，见图 2 – 6），其本质同样是锂离子电池，而所谓锂聚合物电池（也就是聚合物锂离子电池）是其在电解质、电极板等主要构造中至少有一项或一项以上使用了高分子材料。

图 2 – 6　锂聚合物电池

1. 锂聚合物电池的特点

相对于锂离子电池，锂聚合物电池的特点如下：

（1）相对改善了电池漏液问题，但改善不太彻底；

（2）可制成薄型电池，以 3.6 V、250 mAh 的容量而言，电池厚度可薄至 0.5 mm；

（3）电池可设计成多种形状；

（4）可制成单颗高电压电池，液态电解质的电池仅能以数颗电池串联得到高电压，而高分子电池由于本身无液体，可在单颗内做成多层组合来达到高电压；

（5）理论上放电量高出同样大小的锂离子电池约 10%。

在锂聚合物电池中，电解质起着隔膜和电解液的双重功能：一方面它可以像隔膜一样隔离开正负极材料，使电池内部不发生自放电及短路现象；另一方面它又像电解液一样在正负极之间传导锂离子[157]。聚合物电解质不仅具有良好的导电性，而且还具备高分子材料所特有的质量轻、弹性好、易成膜等特性，也顺应了化学电源质量轻、体积小、安全、高效、环保的发展趋势。

2. 锂聚合物电池的安全问题

所有的锂离子电池（包括聚合物锂离子电池、磷酸铁锂电池），无论是以前的，还是当前的，都非常害怕出现内部短路、外部短路、过充这些现象。因为锂的化学性质非常活跃，很容易燃烧，当电池放电或充电时，电池内部会持续升温，活化过程中所产生的气体膨胀，电池内压加大，压力达到一定程度，如外壳有伤痕，即会破裂，引起漏液、起火，甚至爆炸[158]。

技术人员为了缓解或消除锂离子电池的危险，加入了能抑制锂元素活跃的成分（比如钴、锰、铁等），但这些并不能从本质上消除锂离子电池的危险性[159]。

普通锂离子电池在过充、短路等情况发生时，电池内部可能出现升温、正极材料分解、负极和电解液材料被氧化等现象，进而导致气体膨胀和电池内压加大，当压力达到一定程度后就可能出现爆炸[160]。而锂聚合物电池因为采用了胶态电解质，不会因为液体沸腾而产生大量气体，从而杜绝了剧烈爆炸的可能。

目前国内出产的锂聚合物电池多数是软包电池，采用铝塑膜做外壳，但电解液并没有改变。这种电池同样可以薄型化，其低温放电特性较好，而材料能量密度则与液态锂电池、普通聚合物电池基本一致。由于使用了铝塑膜，比普通液态锂电池更轻。在安全方面，当液体刚沸腾时软包电池的铝塑膜会自然鼓包或破裂，同样不会爆炸。

须注意的是，新型电池依然可能燃烧或膨胀裂开，安全方面也并非万无一失。所以大家在使用各种锂离子电池时候，一定要高度警惕，注意安全。

3. 锂聚合物电池的构造

锂聚合物电池的结构比较特殊，由五层薄膜组成。第一层用金属箔作集电极，第二层为负极，第三层是固体电解质，第四层用铝箔作正极，第五层为绝缘层，五层叠起来的总厚度为 0.1 mm[161]。为防止电池瞬间输出大电流时而引起过热，锂聚合物电池有一个严格的热管理系统，控制电池的正常工作温度。锂聚合物电池主要优点是消除了液体电解质，可以避免在电池出现故障时，电解质溢出而造成的污染。

2.3.2 锂聚合物电池的工作原理

在电池的三要素——正极、负极与电解质中，锂聚合物电池至少有一个或一个以上的要素是采用高分子材料制成的。在锂聚合物电池中，高分子材料大多数被用在了正极和电解质上。正极采用导电高分子聚合物或一般锂离子电池使用的无机化合物，负极采用锂金属或锂碳层间化合物，电解质采用固态或者胶态高分子电解质，或者是有机电解液，因而比能量较高。例如，锂聚苯胺电池的比能量可达 350 Wh/kg，但比功率只有 50～60 W/kg。由于锂聚合物中没有多余的电解液，因此它更为可靠和更加稳定。

目前常见的液体锂离子电池在过度充电的情形下，容易造成安全阀破裂因而起火爆炸，这是非常危险的。所以必须加装保护电路以确保电池不会发生过度充电的情形。而高分子锂聚合物电池相对液体锂离子电池而言具有较好的耐充放电特性，对外加保护 IC 线路方面的要求可以适当放宽。此外，在充电方面，锂聚合物电池可以利用 IC 定电流充电，与锂离子电池所采用的"恒流 – 恒压"充电方式比较起来，可以缩短充电等待的时间。

新一代的锂聚合物电池在聚合物化的程度上做得非常出色，所以形状上可以做到很薄（最薄为 0.5 mm），还可以实现任意面积化和任意形状化，大大提高了电池造型设计的灵活性，从而可以配合产品需求，做成任何形状与容量的电池。同时，锂聚合物电池的单位能量比目前的一般锂离子电池提高了 50%，其容量、充放电特性、安全性、工作温度范围、循环寿命与环保性能都较锂离子电池有了大幅度的提高，得到了人们的青睐。

2.3.3　锂聚合物电池的使用特点

（1）锂聚合物电池需配置相应的保护电路板。它具有过充电保护、过放电保护、过流（或过热）保护及正负极短路保护等功能；同时在电池组中还有均流及均压功能，以确保电池使用的安全性[162]。

（2）锂聚合物电池需配置相应的充电器，保证充电电压在 4.2 V ± 0.05 V 的范围内。切勿随便使用一个锂电池充电器来对其充电。

（3）切勿深度放电（放电到 2.75 V），放电深度浅时可提高电池的寿命（它没有记忆效应），采用浅度放电（放电到 3 V）较为合适。

（4）不能与其他种类电池或不同型号的锂聚合物电池混用。

（5）不能挤压、折弯电池，否则会对其造成损坏。

（6）不要放在加热器及火源附近，否则会损坏电池。

（7）长期不用时应定期充电，使电压保持在 3.0 V 以上。

（8）注意不同的放电倍率 C 与放电容量大小有关，其相互关系如表 2 – 1 所示。

表 2 – 1　锂聚合物电池放电倍率与放电容量的关系

放电倍率	$1C$	$2C$	$5C$	$10C$	$12C$
放电容量比/%	99	98	95	90	70

2.3.4　锂聚合物电池的充放电特性

锂聚合物电池在贮存状态下的带电量以 40% ~60% 之间最为合适。当然很难时时做到这一点。闲置的锂聚合物电池也会受到自放电的困扰，长久的自放电会造成电池过放。为此，应针对自放电现象做好两手准备：一是定期充电，使其电压维持在 3.6～3.9 V 之间，锂聚合物电池因为没有记忆效应可以随时充电；二是确保放电终止电压不被突破，如果在使用过程中出现了电量不足的警报，应果断停用相应设备。

1. 放电

（1）环境温度。放电是锂聚合物电池的工作状态，此时的温度要求为 -20～60℃。

（2）放电终止电压。目前普遍的标准是 2.75 V，有的可设置为 3 V。

（3）放电电流。锂聚合物电池也有大电流、大容量等类型，可以进行大功率放电的锂聚合物电池其电流应控制在产品规格书的范围以内。

2. 充电

锂聚合物电池充电器的工作特性应符合锂电池充电三阶段的特点，即能够实现预充电、恒流充电和恒压充电三个阶段的充电要求。为此，原装充电器是上上之选。

（1）环境温度。锂聚合物电池充电时的环境温度应控制在 0～40℃ 范围内。

（2）充电截止电压。锂聚合物电池的充电截止电压为 4.2 V，即使是多个电池芯串联组合充电，也要采用平衡充电方式，保证单只电芯的电压不会超过 4.2 V。

（3）充电电流。锂聚合物电池在非急用情况下可用 $0.2C$ 充电，一般不能超过 $1C$ 充电。

2.4　镍氢电池

镍氢电池（见图 2-7）是早期镍镉电池的替代产品。由于不再使用有毒的重金属——镉，镍氢电池可以消除重金属元素给环境带来的污染问题[163]。镍氢电池使用氧化镍作为阳极，使用吸收了氢的金属合金作为阴极，这种金属合金可吸收高达本身体积 100 倍的氢，储存能力极强。另外，镍氢电池具有与镍镉电池相同的 1.2 V 电压，加上自身的放电特性，可在一小时内再充电。由于内阻较低，一般可进行 500 次以上的

图 2-7　镍氢电池

充放电循环。镍氢电池具有较大的能量密度比，这意味着人们可以在不增加设备额外重量的情况下，使用镍氢电池代替镍镉电池来有效延长设备的工作时间。镍氢电池在电学特性方面与镍镉电池亦基本相似，在实际应用时完全可以替代镍镉电池，而不需要对设备进行任何改造。镍氢电池另外一个值得称道的优点是它大大减小了镍镉电池中存在的"记忆效应"，这使镍氢电池可以更加方便地使用。

镍氢电池可分为低压镍氢电池和高压镍氢电池两种。

1. 低压镍氢电池的特点

（1）电池电压为 1.2～1.3 V，与镍镉电池相当；

（2）能量密度高，是镍镉电池的 1.5 倍以上。

（3）可快速充放电，低温性能良好。

（4）可密封，耐过充电、过放电能力强。

（5）无树枝状晶体生成，可防止电池内短路。

（6）安全可靠，对环境无污染，无记忆效应。

2. 高压镍氢电池的特点

（1）可靠性强。具有较好的过放电、过充电保护功能，可耐较高的充放电率并且无树枝状晶体形成。具有良好的比能量特性，其质量比容量为 60 Ah/kg，是镍镉电池的 5 倍。

（2）循环寿命长，可达数千次之多。

（3）全密封，维护少。

（4）低温性能优良，在 $-10℃$ 时，容量没有明显改变。

由于化石燃料在人类大规模开发利用的情况下变得越来越少，近年来，氢能源的开发利用日益受到重视。镍氢电池作为氢能源应用的一个重要方向得到人们的青睐。虽然镍氢电池确实是一种性能良好的蓄电池，但航天用镍氢电池是高压镍氢电池（氢压可达 3.92 MPa，即 40 kg/cm²），高压力氢气贮存在薄壁容器内使用存在爆炸的风险，而且镍氢电池还需要贵金属做催化剂，使它的成本变得昂贵起来，在民用市场难以推广。因此国外自 20 世纪 70 年代开始就一直在研究民用的低压镍氢电池。

需要注意的是，镍氢电池的大电流放电能力不如铅酸蓄电池和镍镉电池，尤其是电池组串联较多时更是如此。例如由 20 个镍氢电池串联起来使用，其放电能力被限制在 $2～3C$ 范围内。

2.4.1 镍氢电池的工作原理

镍氢电池采用与镍镉电池相同的 Ni 氧化物作正极，采用储氢金属合金作负极，碱液（主要为 KOH）作电解质，其内部结构如图 2－8 所示[164]。

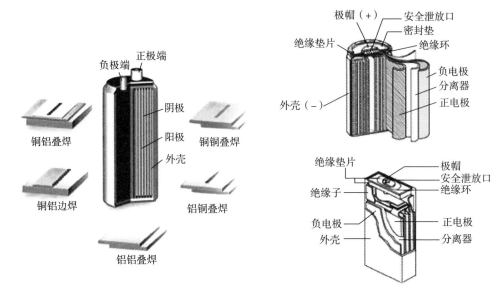

图 2-8　镍氢电池内部结构示意图

在镍氢电池中，活性物质构成电极极片的工艺方式主要有烧结式、拉浆式、泡沫镍式、纤维镍式及嵌渗式等，不同工艺制备的电极在容量、大电流放电性能上存在较大差异[165-166]。一般根据电池的使用条件采用不同的工艺进行生产。在通信行业等民用领域里使用的电池大多采用拉浆式负极和泡沫镍式正极，其充放电化学反应如下：

正极：$Ni(OH)_2 + OH^- \!=\!\!=\! NiOOH + H_2O + e^-$

负极：$M + H_2O + e^- \!=\!\!=\! MHab + OH^-$

总反应：$Ni(OH)_2 + M \!=\!\!=\! NiOOH + MH$

注：M 代表氢合金；Hab 代表吸附氢；反应式从左到右的过程为充电过程；反应式从右到左的过程为放电过程。

充电时正极的 $Ni(OH)_2$ 和 OH^- 反应生成 NiOOH 和 H_2O，同时释放出 e^- 一起生成 MHab 和 OH^-，总反应是 $Ni(OH)_2$ 和 M 生成 NiOOH，储氢合金储氢；放电时与此相反，MHab 释放 H^+，H^+ 和 OH^- 生成 H_2O 和 e^-，NiOOH、H_2O 和 e^- 重新生成 $Ni(OH)_2$ 和 OH^-。电池的标准电动势为 1.319 V。

2.4.2　镍氢电池的使用特点

（1）一般情况下，新的镍氢电池只含有少量的电量，购买后要先进行充电，然后再加使用[167]。如果电池出厂时间较短，电量充足，则可以先使用然后再充电。新买的镍氢电池一般要经过 3~4 次的充电和使用，性能才能发挥到最佳状态。

（2）虽然镍氢电池的记忆效应小，但尽量每次使用完以后再充电，并且尽量一次性充满，不要充一会用一会，然后再充。电池充电时，要注意充电器周围的散热情况。为了避免电量流失等问题发生，应保持电池两端的接触点和电池盖子的内部干净，必要时使用柔软、清洁的干布擦拭。

（3）长时间不用时应把电池从电池仓中取出，置于干燥的环境中（推荐放入专用电池盒中，可以避免电池短路）。长期不用的镍氢电池会在存放几个月后，自然进入一种"休眠"状态，电池寿命会大大降低。如果镍氢电池已经放置了很长时间，应先用慢充方式进行充电。据测试，镍氢电池保存的最佳条件是带电 80% 左右保存。这是因为镍氢电池的自放电量较大（一个月在 10% ~ 15%），如果电池完全放电后再保存，很长时间内不使用，电池的自放电现象就会造成电池的过放电，会损坏电池。

（4）尽量不要对镍氢电池进行过放电。过放电会导致充电失败，这样做的危害远远大于镍氢电池本身的记忆效应。一般镍氢电池在充电前，电压在 1.2 V 以下，充满后正常电压在 1.4 V 左右，可由此判断电池的状态。

（5）充电可分为快充和慢充两种方式。慢充方式中充电电流小，通常在 200 mA 左右，常见的充电电流为 160 mA。慢充时间长，充满 1 800 mAh 的镍氢电池要耗费 16 个小时左右。时间虽慢，但充电会很足，并且不伤电池。快充方式充电电流通常都在 400 mA 以上，充电时间明显减少了很多，3 ~ 4 个小时即可完成充电。

2.4.3 镍氢电池的充放电特性

在充电特性方面，镍氢电池与镍镉电池一样，其充电特性受充电电流、温度和充电时间的影响[168]。镍氢电池端电压会随着充电电流的升高和温度的降低而增加；充电效率则会随着充电电流、充电时间和温度的改变而不同。充电电流越大，镍氢电池的端电压上升得越高[169]。

在放电特性方面，镍氢电池以不同速率放电至同一终止电压时，高速率放电初始过程端电压变化速率最大，中小速率放电过程端电压变化速率小，放出相同的电量的情况下，高速率放电结束时的电池电压低。与镍镉电池相比，镍氢电池具有更好的过放电能力。当过放电后单格电压达到 1 V，可通过反复的充、放电，单格电压很快会恢复到正常值。

镍氢电池使用时的维护要点：

（1）使用过程忌过充电。在循环寿命之内，使用过程切忌过充电，这是因为过充电容易使正、负极发生膨胀，造成活性物脱落和隔膜损坏、导电网络破坏和电池欧姆极化变大等问题。

（2）防止电解液变质。在镍氢电池循环寿命期中，应抑制电池析氢。

（3）如果需要长期保存镍氢电池，应先对其充足电；否则在电池没有储存足够电能的情况下长期保存，将使电池负极储氢合金的功能减弱，并导致电池寿命减短。

（4）镍氢电池和镍镉电池相同，都有"记忆效应"，如果在电池还残存电能的状态下反复充电使用，电池很快就不能再用了。

时至今日，镍氢电池已经是一种成熟的产品，目前国际市场上年产镍氢电池的数量约为 7 亿只[170]。日本镍氢电池产业规模和产量一直高居各国前列，在镍氢电池领域也开发和研制了多年。我国制造镍氢电池原材料的稀土金属资源十分丰富，已经探明的稀土储量占世界已经探明总储量的 80% 以上。目前国内研制开发的镍氢电池原材料加工技术日趋成熟，相信在不久的未来，我国镍氢电池的产量和质量一定会领先世界。

2.5 你知道磷酸铁锂和三元锂的"恩怨"吗

锂离子电池技术发展到现在，已经催生出了两个佼佼者——磷酸铁锂电池和三元锂电池。这两种电池各具特色，难分伯仲。而且它们彼此较劲，似乎已经爆发出一场兵来将挡、未知结果的战争。磷酸铁锂电池与三元锂电池凭借各自优越的性能在不断斗法和较量。表面上看，胜利的天平在渐渐偏向三元锂电池，尤其是国家补贴新政对电池能量密度提出要求之后，在小型乘用车领域，三元锂电池已经全面取代磷酸铁锂电池，风光无限。但这是否能够证明三元锂电池比磷酸铁锂电池更加优秀，代表了未来电池的发展方向呢？结论可能不会这么简单，因为还有许多复杂的因素可能影响结论的正确与否。

磷酸铁锂电池的特点在于安全性高、高倍率充放电特性和较长的循环寿命[171]。有资料显示，磷酸铁锂电池在充电条件为 $1C$ 倍率时充电至 3.65 V，然后转恒压至电流下降到 $0.02C$，之后再以 $1C$ 倍率放电至截止电压 2.0 V，循环 1 600 次之后电池容量仍有初始容量的 80%。其充放电特性也较为稳定，以 $0.5C$、$1C$、$3C$ 不同倍率放电时，放电容量下降不到 5%，电压在放电过程中有着较大的稳定平台，大倍率放电情况下的稳定性关系着电动车在急加速、高速等大功率需求工况下的性能表现，电压越稳定，车辆性能表现也越好。另外，这也可以解释为什么电动车高速行驶时续航能力会减弱：电池在大功率输出时，实际放电容量会缩小[172]。

磷酸铁锂电池还拥有良好的快充特性，$3C$ 倍率充电条件下，15 分钟可以充电 55%，30 分钟充电容量超过 95%[173]。但需要提醒的是，这是在实验室条件下获得的，另外测试用品也仅仅只是一块 20 Ah、3.65 V 标称电压的单电池，与车用 400 V 左右电压、100 Ah 及以上容量的电池组是不能相提并论的，因为两者的充电功率相差百倍以上。

除了寿命长、充放电性能优秀之外，磷酸铁锂电池最大的优点在于安全性。磷酸铁锂的化学性质十分稳定，高温稳定性很好，700～800℃才会开始发生分解，且在遭遇撞击、针刺、短路等情况时不会释出氧分子，不会产生剧烈的燃烧，安全性能高。

但是，事物都有两面性。磷酸铁锂电池的缺点在于其性能受温度影响较大，尤其在低温环境下，其放电能力和容量都会大幅度降低。此外，磷酸铁锂的能量密度较低，仅算电池的重量能量密度只有 120 Wh/kg；如果计算整个电堆，将电池管理系统、散热等零部件的重量包括在内，那么其能量密度就更低了，远远达不到国务院发布的《节能与新能源汽车产业发展规划（2012—2020年)》明确提出的"电池模块的能量密度大于 150 Wh/kg"的要求。

三元锂电池指的是含有镍钴锰三种元素的过渡金属嵌锂氧化物复合材料正极的锂电池，这种材料综合了钴酸锂、镍酸锂和锰酸锂三种材料的优点，形成了三种材料三相的共熔体系，结构见图 2-9。由于三元协同效应，其综合性能优于任一单组合化合物，其重量能量密度能够达到 200 Wh/kg[174]。

但是，三元锂电池的安全性较差。这是由于三元锂电池热稳定性较差，250～300℃就会发生分解，遇到电池中可燃的电解液、碳材料后一点就着，产

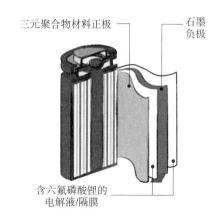

三元聚合物材料正极　　石墨负极

含六氟磷酸锂的电解液/隔膜

图 2-9　三元锂电池结构示意图

生的热量会进一步加剧正极分解，在极短的时间内就会爆燃。车祸中，外力撞击会损坏电池隔膜，进而导致短路，而短路时发出的热量会造成电池热失控，并将迅速升温至 300℃以上，存在自燃风险。因此，对于三元锂电池而言，其电池管理系统、散热系统就至关重要。为了提高产品的安全性，使用具有较强耐热性的材料，采用泄压阀控制电池内的压力、主动控制电池的电流，并且实时监测电池充电状态，并能够强制切断电流回路提高安全性[175]。这些都是目前可行的提高三元锂电池安全性的措施。

基于安全性考虑，采用三元锂电池的新能源客车很长时间内无法进入工信部的新能源车目录，而轿车、货车则不受影响。虽然有着安全顾虑，但因为政策对能量密度的硬性规定，三元锂电池已经呈现取代磷酸铁锂电池的趋势，成

为乘用车的主流。2017 年，我国工信部公布的 8 批共 296 款新能源乘用车中，采用三元锂电池的车型有 221 款，而采用磷酸铁锂的仅有 33 款。比亚迪曾是国内磷酸铁锂电池的领跑者，但从 2016 年起，旗下的新能源车，包括秦、唐等所有 PHEV（Plug in Hybrid Electric Vehicle，通过插电进行充电的混合动力车）乘用车等都开始匹配三元锂电池，唯有大巴车仍然采用磷酸铁锂电池组。比亚迪公司坑梓工厂的三元锂电池产能达到 6 GWh，磷酸铁锂电池产能达到 8 GWh，而新建的青海工厂的三元锂电池产能更是将达到 18 GWh。

迄今为止，三元锂电池和磷酸铁锂电池的斗法还未分出胜负，三元锂电池略占上风，但两者至少在现阶段都不是完美的解决方案，石墨烯或者燃料电池等其他替代能源技术都在一旁虎视眈眈，随时准备取而代之。

2.6　我有灵活的四肢

2.6.1　机器人的结构分类

依照机器人的腿部构造方式和腿部与本体支架的配合关系，人们可以简单地将机器人的结构形式分为串联机构和并联机构。所谓串联机构是指组成该机构的各部分零件串连在一起，后部零件总由前部零件传递动力。串联机器人的机构大都为开链机构，例如平面四杆机构或空间四杆机构等。在四足机器人中，铰链式腿机构整体工作空间大，自由度较高，在运动过程中可对位置的变化进行实时反馈，对位姿的修复也比较简单；缺点是承载能力有限，同步协调性难以控制。并联机器人整体上是一个封闭系统。闭链式机构一般有四连杆机构和摆动伸缩式机构，这些机构的承载能力大，能源消耗低。总体来看，并联机器人比串联机器人承载能力更强，精度水平更高；但缺点也十分明显，那就是整个机体结构复杂，制造成本较高，而且灵活性和活动空间范围都远不如串联机器人。此外，相比而言，人们对并联机器人的研究起步较晚，已有的研究成果也不算丰富。除上述两种机器人腿部形式外，还有一种混联型腿机构，它介于串联和并联之间，有自身的优点，也有自身的缺点，目前已有的研究结果也较少。而且从整体结构上分析，混联型腿机构的尺寸及复杂程度也偏大，一般较少使用。本书所研制的仿狗机器人采用的是串联机构。

2.6.2　仿狗机器人腿部尺寸与结构形式

动物的骨骼在进化过程中为适应复杂环境的需要，端部变得粗大，横截面变得不完全对称，载荷也变得不经过横截面矩心，这些变化都使得其受力状况得到改善。动物骨骼的主要受力形式为扭矩、弯矩、压缩或拉伸，其受力形式对于仿狗机器人的结构设计有着很大的启发作用。

通过对马、骡、狗（见图 2 – 10）等的骨骼系统的细致研究，人们发现，它们腿部三节骨骼的长度基本上呈现 0.75∶1∶1 的比例关系，并且不同骨骼的形状和运动形式差别很大。例如马的后腿有三块非常重要的骨骼，分别为髋骨、股骨、胫骨，其中髋骨主要连接腿部和躯体，横截面积大，尺寸变化大，有利于其承受重力；股骨常常处于竖直状态，便于承受重力和地面的冲击。为了更好地承受力的作用，股骨的形状进化为圆柱形，并且端部明显膨胀，可以适应关节和受力的需求。

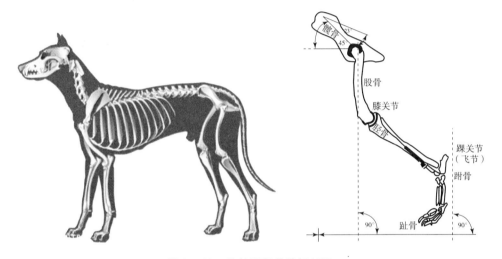

图 2 – 10 狗的腿部骨骼解剖图

髋关节和膝关节对许多动物来说都极其重要。髋关节起到连接腿部与身体、并确保大腿自由转动的作用；膝关节的转动则带动动物实现前进或后退运动。动物腿部运动灵活这一特点在很大程度上是受益于关节处的球铰链结构，这种结构使动物腿部能够朝任意方向摆动；动物的脚部骨骼大都具有缓冲结构，能够进行伸缩；而动物的脚趾结构能够联动受力，起到缓冲作用。对于机器人而言，球铰链控制较为复杂，在恶劣环境下失效的可能性增大，这时如果将机器人腿部自由度划分为多个单一方向的自由度，就能够实现同样的功能，同时还可使结构设计合理，使用可靠，易于控制。

还需要提及的是，自由度的设定对于机器人设计来说有着极为重要的意义。仿狗机器人能够到达空间的任意位置，并且保持身体高度的不变，称其为 IV 级步行。通过研究发现，四足机器人单腿至少有 3 个自由度才能使得机器人到达任意位置。

2.6.3 仿狗机器人腿部结构设计

根据仿生学的研究结果可知，仿狗机器人的腿部结构应设计为三自由度。经过分析与借鉴，现将仿狗机器人的腿部自由度设置为如图 2 – 11 与图 2 – 12 所示的两种类型。

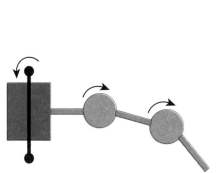 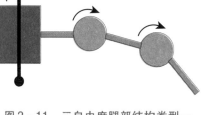

图 2 – 11　三自由度腿部结构类型一　　　　图 2 – 12　三自由度腿部结构类型二

考虑到零件加工工艺性、设计周期、加工时间、器件性能、制作成本等因素，本书为仿狗机器人设计的三自由度腿部结构在腿节比例与转动副布置上并未完全按四足动物的真实情况进行一一对应的仿生设计，而是根据机器人实际运动所需特性来设计其腿部的相关结构，并采用模块化的思想来设计具有结构对称性的机器人四肢。

1. 小腿组件的设计与组装

小腿组件是机器人与地面直接接触的部件，由于四足机器人一条腿与地面接触时属于点接触，为改善受力状况和运动效果，特地为仿狗机器人的每条腿设计了一个减震轮作为小腿组件最下端的部件，上部通过几块小的构件经拼插后作为小腿主体，顶端与大腿部分的舵机相连，转动副构成腿部的一个自由度。参与小腿组件组装的零部件如图 2 – 13 所示（其中小腿关节驱动舵机也根据具体型号进行了三维实体造型设计），而组装后的小腿组件则如图 2 – 14 所示。

2. 大腿组件的设计与组装

为增大仿狗机器人的承载能力，同时也为了更好地布置相应部件，将大腿组件设计成一个长方体，内部装有相同型号、且输出轴相互垂直的两个舵机，构成仿狗机器人腿部的两个转动自由度。需要说明的是，将舵机集中布置的好处是可以使机器人腿部重量集中并靠近躯干，有利于提升仿狗机器人行走时的稳定性。参与大腿组件组装的零部件如图 2 – 15 所示（其中大腿关节驱动舵机

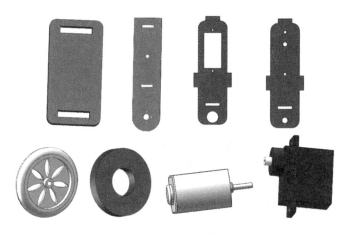

图 2 – 13　小腿组件的零部件　　　　图 2 – 14　组装好的
小腿组件

也根据具体型号进行了三维实体造型设计），而组装后的大腿组件则如图 2 – 16所示。

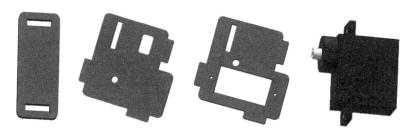

图 2 – 15　大腿组件的零部件

3. 髋关节组件的设计与组装

髋关节组件（见图 2 – 17）的上部与固定于机器人身体部分的舵机相连，完成腿部前后摆的动作；下端与大腿关节相连，完成腿部内外摆的动作。

图 2 – 16　仿狗机器人大腿组件　　　图 2 – 17　仿狗机器人髋关节组件

将上述三个组件通过转动副、舵机舵盘连接和装配起来，最后得到单腿装配结果如图 2 - 18 所示。

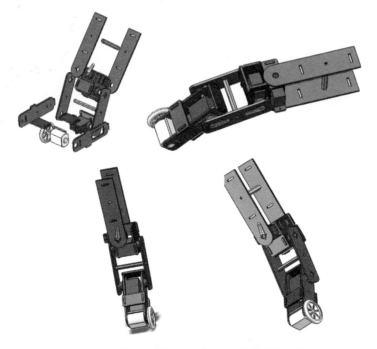

图 2 - 18　仿狗机器人不同视角下的单腿装配效果

2.7　我有强壮的躯干

为简化结构起见，可采用对称形式来布置仿狗机器人的总体结构。为此，首先根据腿部尺设计出仿狗机器人的机身结构，使机身为 200 mm (长) × 70 mm (宽)，为了防止机器人的四腿在运动时产生干涉现象，可在造型设计阶段认真设计尺寸参数，并做好仿真分析，机身造型结果如图 2 - 19 所示。

仿狗机器人基本结构的设计工作至此已经完成，为了美化机器人，并增强其运动表现能力，特地模仿小狗头部的样子设计了机器人的头部造型，使之"憨态可掬"，像一只小狗一样"撒娇淘气"。机器人头部模型如图 2 - 20 所示。

仿狗机器人的整体装配过程与效果分布如图 2 - 21 和图 2 - 22 所示。

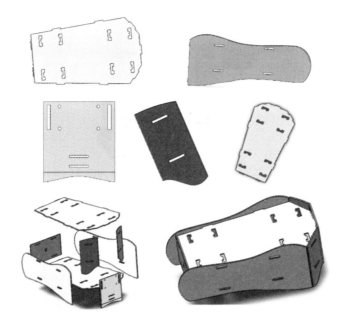

图 2-19　仿狗机器人的机身结构

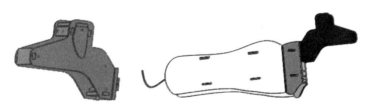

图 2-20　仿狗机器人头部实体造型

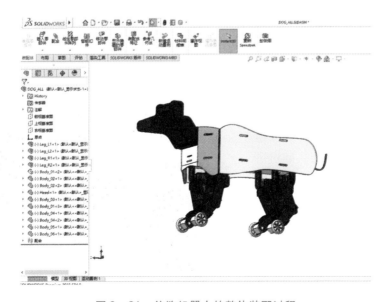

图 2-21　仿狗机器人的整体装配过程

图2-22　仿狗机器人整体装配效果

2.8　我身体的另一个玄机——舵机

2.8.1　舵机简介

　　舵机是一种位置（角度）伺服的驱动器，适用于那些需要角度不断变化并可以保持的控制系统[176]。目前，在高档遥控玩具，如飞机模型、潜艇模型、遥控机器人中已经得到了普遍应用。舵机最早用于航模制作。航模飞行姿态的控制就是通过调节发动机和各个控制舵面来实现的。

　　我猜你肯定在机器人和电动玩具中见到过这个小东西，至少也听到过它转起来时那种与众不同的"吱吱吱"叫声。对，它就是遥控舵机，常用在机器人、电影效果制作和木偶控制当中，不过让人大跌眼镜的是，它最初竟是为控制玩具汽车和模型飞机才设计制作的[177]。

　　舵机的旋转不像普通电机那样只是呆板、单调地转圈圈，它可以根据你的指令旋转到 0 至 180° 之间的任意角度然后精准地停下来[178]。如果你想让某个东西按你的想法随意运动，舵机可是个不错的选择，它控制方便、易于实现，而且种类繁多，总能有一款适合你的具体需求。图 2-23 所示为常见的各种舵机。

　　典型的舵机是由直流电

图2-23　常见的各种舵机

机、减速齿轮组、传感器和控制电路组成的一套自动控制系统[179]。通过发送信号，指定舵机输出轴的旋转角度来实现舵机的可控转动。一般而言，舵机都有最大的旋转角度（比如180°）。其与普通直流电机的区别主要在于直流电机是连续转动的，而舵机却只能在一定角度范围内转动，不能连续转动（数字舵机除外，它可以在舵机模式和电机模式中自由切换）；普通直流电机无法反馈转动的角度信息，而舵机却可以。此外，它们的用途也不同，普通直流电机一般是整圈转动，作为动力装置使用；舵机是用来控制某物体转动一定的角度（比如机器人的关节），作为调整或控制器件使用。

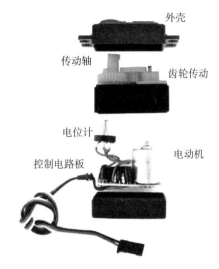

图2–24　舵机分解结构图

舵机分解图如图2–24所示，它主要是由外壳、传动轴、齿轮传动、电动机、电位计、控制电路板元件所构成[180]。其主要工作原理是：由控制电路板发出信号并驱动电动机开始转动，通过齿轮传动装置将动力传输到传动轴，同时由电位计检测送回的信号，判断是否已经到达指定位置[181]。

简言之，舵机工作时，控制电路板接受来自信号线的控制信号，控制舵机转动，舵机带动一系列齿轮组，经减速后传动至输出舵盘[182]。舵机的输出轴和位置反馈电位计是相连的，舵盘转动的同时，带动位置反馈电位计，电位计输出一个电压信号到控制电路板进行反馈，然后控制电路板根据所在位置决定电机的转动方向和速度，实现控制目标后即告停止[183]。

舵机控制电路板主要是用来驱动舵机和接受电位计反馈回来的信息[184]。电位计的作用主要是通过其旋转后产生的电阻变化，把信号发送回舵机控制板，使其判断输出轴角度是否输出正确。减速齿轮组的主要作用是将力量放大，使小功率电机产生大扭矩。舵机输出转矩经过一级齿轮放大后，再经过二、三、四级齿轮组，最后通过输出轴将经过多级放大的扭矩输出。图2–25所示为舵机的4级齿轮减速增力机构，就是通过这么一级级地把小的力量放大，使得一个小小的舵机能有15 kg·cm的扭力。

为了适合不同的工作环境，舵机还有采用防水及防尘设计的类型，并且因应不同的负载需求，所用的齿轮有塑料齿轮、混合材料齿轮和金属齿轮之分[185]。比较而言，塑料齿轮成本低、传动噪声小，但强度弱、扭矩小、寿命短；金属齿轮强度高、扭矩大、寿命长，但成本高，在装配精度一般时传

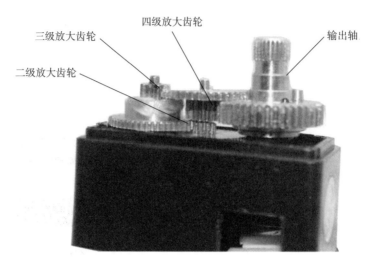

图2-25　舵机多级齿轮减速机构

动中会有较大的噪声。小扭矩舵机、微型舵机、扭矩大但功率密度小的舵机一般都采用塑料齿轮，如 Futaba 3003、辉盛的 9g 微型舵机均采用塑料齿轮。金属齿轮一般用于功率密度较高的舵机上，比如辉盛的 995 舵机，该舵机在和 Futaba 3003 同样大小体积的情况下却能提供 13 kg·cm 的扭矩。少数舵机，如 Hitec，甚至用钛合金作为齿轮材料，这种像 Futaba 3003 体积大小的舵机能提供 20 kg·cm 多的扭矩，堪称小块头的大力士。使用混合材料齿轮的舵机其性能处于金属齿轮舵机和塑料齿轮舵机之间[186]。

　　由于舵机采用多级减速齿轮组设计，使得舵机能够输出较大的扭矩。正是由于舵机体积小、输出力矩大、控制精度高的特点满足了小型仿生机器人对于驱动单元的主要需求，所以舵机在本书介绍的仿狗机器人中得到了采用，由它们来为该机器人提供驱动力或驱动力矩。

2.8.2　舵机的驱动与控制

　　舵机的控制信号是一个脉宽调制信号（PWM），十分方便和数字系统进行接口。能够产生标准控制信号的数字设备都可以用来控制舵机，比如 PLC（可编程逻辑控制器）、单片机等。

　　舵机伺服系统由可变宽度的脉冲进行控制，控制线是用来传送脉冲的。脉冲的参数有最小值、最大值和频率。一般而言，舵机的基准信号都是周期为20 ms、宽度为 1.5 ms。这个基准信号定义的位置为中间位置。舵机有最大转动角度，中间位置的定义就是从这个位置到最大角度与最小角度的量完全一样。最重要的一点是，不同舵机的最大转动角度可能不同，但是其中间位置的脉冲宽度是一定的，那就是1.5 ms。舵机驱动脉冲如图 2 – 26 所示。

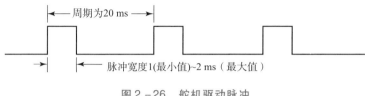

图 2 – 26　舵机驱动脉冲

舵机转动的角度是由来自控制线的持续脉冲所产生的。这种控制方法叫做脉冲调制。脉冲的长短决定舵机转动多大的角度。例如，1.5 ms 的脉冲会让舵机转动到中间位置（对于转角为 180°的舵机来说，就是 90°的位置）。当控制系统发出指令让舵机转动到某一位置，并让它保持这个角度，这时外力的影响不会让这个角度产生变化。但是这种情况是有上限的，上限就是舵机的最大扭力。除非控制系统不停地发出脉冲稳定舵机的角度，否则舵机的角度不会一直不变。

当舵机接收到一个小于 1.5 ms 的脉冲，其输出轴会以中间位置为标准，逆时针旋转一定角度。当舵机接收到大于 1.5 ms 的脉冲，情况则相反，其输出轴会以中间位置为标准，顺时针旋转一定角度。不同品牌，甚至同一品牌的不同舵机，都会有不同的最大脉冲值和最小脉冲值。一般而言，最小脉冲为 1 ms，最大脉冲为 2 ms。360°舵机也是通过占空比控制，只不过大于 1.5 ms 和小于 1.5 ms 是调节的顺时针旋转还是逆时针旋转，不同的占空比，转速不同。

舵机有一个三线的接口。黑线（或棕色线）接地线，红线接 + 5 V 电压，黄线（或白色线、橙色线）接控制信号端。可以根据图示颜色连接舵机。与直流电机不同的是，舵机多了一根信号线，给这根线提供 PWM 信号就可以实现对舵机的控制。

控制信号进入舵机信号调制芯片，获得直流偏置电压。它的内部有一个基准电路，产生周期为 20 ms、宽度为 1.5 ms 的基准信号，将获得的直流偏置电压与电位计的电压进行比较，获得电压差输出。最后，电压差的正负输出到电机驱动芯片就可以决定电机的正反转[187]。当电机转速一定时，通过级联减速齿轮带动电位计旋转，使得电压差为 0 时，电机停止转动。转角为 180°的舵机其输出转角与输入信号脉冲宽度的关系如图 2 – 27 所示。

舵机是以 20 ms 为周期的脉冲波进行控制的。落实到具体，舵机的控制方式就多种多样了。

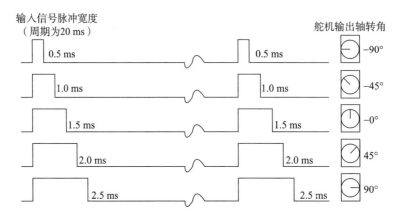

图 2-27　180°舵机输出轴转角与输入信号脉冲宽度的关系示意图

情景一：单片机控制

单片机的控制也分为两种，像 STM32 单片机和比较高级的 51 单片机等都是自带 PWM 输出的，这时候直接设置寄存器控制即可。但是如果没有这个功能怎么办呢？这时候就要用到定时器了，可以用定时器来进行计时，从而产生 PWM 波来对舵机进行控制。

举个例子说明，定义两个变量 a 和 b，定时器设置为每 1 ms 中断一次。那么用 a 来计算中断的次数，控制周期为 20 ms，用 b 来控制高的占空比。然后把需要输出 PWM 波的管脚，在高电平的时候拉高，低电平的时候拉低就行了[188]。

用单片机进行控制的好处是编程的自由度很大，可以很容易地对舵机进行控制。

情景二：舵机控制板控制

舵机控制板的控制要简单多了，即便没有硬件编程经验也可以进行控制。舵机控制板可以同时控制许多舵机，常见的有 16 路和 32 路的；舵机控制板有上位机软件，采用可视化控制不需要编程。可在软件界面里拖拉舵机需要转动的角度，设置转动角度所需要的时间即可。如果有多个舵机需要控制的话，一下子全设置完毕后，保存为一个动作组。然后接着设计下一个动作组。这种控制方式非常适合用来控制多足机器人或舞蹈机器人。比较麻烦的地方就是需要安装驱动，安装驱动有时会费力费神。

舵机控制板上还留有和单片机通信的接口，可以实时发送命令来控制舵机。

2.8.3 仿狗机器人的舵机选型

在设计并制作仿生机器人过程中，需要对舵机进行选型分析与用法讨论。尤其要关注舵机的规格，因为它们与舵机的性能表现息息相关。舵机规格主要有几个方面：转速、扭矩、电压、尺寸、重量和材质等。在进行舵机选型时要对以上几个方面进行综合考虑。

1. 转速

舵机的转速是指舵机在无负荷情况下转过 60° 角所需要的时间，单位是 s/60°。常见的舵机转速一般在 0.11 ~ 0.21 s/60° 之间。

2. 扭矩

扭矩也称转矩、扭力等。舵机的扭矩是指在舵盘上距舵机轴中心水平距离 1cm 处，舵机能够带动的物体重量（如图 2 – 28 所示），其单位是 kg·cm（1 kg·cm ≈ 0.098 N·m）。

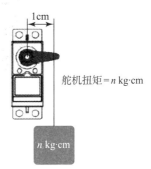

舵机扭矩 = n kg·cm

图 2 – 28 舵机扭矩示意图

3. 电压

厂商提供的转速、扭矩数据和测试电压有关。在 4.8 V 和 6 V 两种测试电压下这两个参数会有较大差别。如 FutabaS – 9001 舵机在 4.8V 时，扭矩为 3.9 kg·cm、转速为 0.22 s/60°；在 6.0 V 时，扭矩为 5.2 kg·cm、转速为 0.18 s/60°。若无特别注明，JR 的舵机都是以 4.8 V 为测试电压，Futaba 的舵机则是以 6.0 V 作为测试电压。

舵机的工作电压对性能有重大影响，舵机推荐的电压一般是 4.8 V 或 6 V。有的舵机可以在 7 V 以上工作，甚至 12 V 的舵机也不少。较高的电压可以提高电机的转速和扭矩。选择舵机还需要看控制卡所能提供的电压。转速快、扭矩大的舵机，除了价格贵，还会伴随着高耗电的特点。因此，使用高级的舵机时，务必搭配高品质、高容量的电池，能提供稳定且充裕的电量。

4. 尺寸、重量和材质

舵机的功率和舵机的尺寸比值可以理解为该舵机的功率密度。一般来说，同样品牌的舵机，功率密度大的价格高。舵机的外壳一般是塑料制成的，特殊的舵机会用铝合金做外壳。金属外壳能够更好地散热，使舵机的工作效率提高，能够输出更大的扭矩。同时，金属外壳的支撑强度更大，这在许多情况下也是非常有利的。舵机中的减速器齿轮有塑料材质的齿轮、金属材质的齿轮，以及混合材质齿轮。

采用塑料齿轮的舵机在超出极限负荷的条件下使用可能会发生崩齿现象，

造成舵机损坏。采用金属齿轮的舵机则可能会因电机过热损毁或导致外壳变形。所以，对于舵机选型设计来说，齿轮材质的选择没有绝对的倾向型，关键是将舵机的使用条件约束在舵机指标规格之内。

衡量以上各项指标，最后确定仿狗机器人所用舵机为辉盛 MG995 舵机，其外形如图 2 – 29 所示。

图 2 – 29　辉盛 MG995 舵机外形图

第 **3** 章

瞧瞧我的感官

　　无论是在军用领域，还是在民用范畴，机器人之所以能够准确感知和实时察觉自身的内部情况和外部的环境信息，以便识别物体、躲避障碍，是因为它具有和人类一样的"五官"，当然长相不太一样啦。人们从幼年起就知道，人类的五官指的是眼、耳、鼻、舌、身，带给人们视觉、听觉、嗅觉、味觉和触觉。那么机器人的五官是什么呢？机器人的"五官"就是传感器，传感器使机器人初步具有了类似于人的各种感知能力，而不同类型传感器的组合就构成了机器人的感觉系统。

　　传感器由敏感元件、转换元件、变换电路、辅助电源四部分构成。其中，敏感元件负责测量有关的信号；转换元件负责将输出的物理量信号转换为其他信号；变换电路负责使输出的信号放大并调制；辅助电源负责为敏感元件及转换元件提供能量。

　　传感器在人类的日常生活中有许许多多的应用，其中自动门通过对人体红外微波进行感应而控制门的开关；烟雾报警器通过对烟雾浓度进行感应而实现报警；电子秤通过力学传感而测量人或物品的重量；水位报警、温湿度报警都用到了各种传感器；智能手机更是离不开传感器，诸如重力传感器、加速度传感器、光线传感器和距离传感器都是智能手机里的"常驻代表"。

由于在现代社会里机器人的应用范围越来越广、作业能力越来越强，所以要求它对变化的环境和复杂的工作具有更好的适应性，能进行更精确的定位和更精准的控制，并具有更高的智能[189]。传感器是机器人获取信息、实施控制的充要条件与必备工具，因而对机器人的传感器有更大的需求和更高的要求。本章将系统介绍在机器人领域中经常使用的几种传感器。

3.1 传感器

3.1.1 传感器的定义

机器人感知自身的内部情况和外部的环境信息必须借助"电五官"——传感器，那什么是传感器呢[190]？其实最原始、最天然的一种传感器就是生物体的感官。在人体这个目前世界上最完美的自动控制系统中，其眼、耳、鼻、舌和皮肤分别具有视、听、嗅、味、触等感觉。人的大脑神经中枢通过五官的神经末梢——感受器来接受外界的信息，经过大脑的思维——信息处理，再做出相应的动作或行为。但与自然界的其他生物相比，人的五官感知外界信息的能力就显得既局限又低下了。例如，比眼睛的视力，人眼比鹰眼差之甚远；比耳朵的听力，人耳比猫耳也差之甚远。为了弥补人的感觉功能的不足，必须借助传感器技术。我们可以将人的行为动作控制与计算机的自动控制过程作一比较，计算机相当于人的大脑，而传感器则相当于人的五官部分（"电五官"）。因此，传感器成为获取自然领域中信息的主要途径与得力手段，是摄取信息的关键器件，它与通信技术和计算机技术构成了信息技术的三大支柱。

根据中华人民共和国国家标准 GB/T 7665—2005《传感器通用术语》可知，传感器（Transducer/Sensor）的定义是："能感受规定的被测量并按照一定的规律转换成可用输出信号的器件或装置"[191]。这个定义包含以下几个方面的意思：

（1）传感器是一种测量装置，能完成检测任务；

（2）它的输入量是某一被测量，可能是物理量，也可能是化学量、生物量等；

（3）它的输出量是某种物理量，这种量要便于传输、转换、处理、显示等，这种量可以是气、光、电量，但主要是电量（原因在下面论述）；

（4）输入输出有对应关系，并且应有一定的精确度。

需要说明的是，由于各行各业的现代测控系统中的信号种类极其繁多，为了对各种各样的信号进行检测和控制，传感器就必须尽量将被测信号转变为简单的、易于处理与传输的二次信号，这样的要求只有电信号能够圆满满足。因为电信号能够比较容易地利用电子仪器和计算机进行放大、反馈、滤波、微分、存储、远距离操作等处理。因此传感器作为一种功能模块又可狭义地定义为："将外界的输入信号变换为电信号的一类元件"[192]。

3.1.2 传感器的分类

1. 物理、化学以及生物传感器

人们可以根据传感器工作的基本效应、用途、输出信号类型以及制作材料和工艺对其进行分类[193]。本书则是根据传感器工作的基本效应将其分为物理、化学以及生物传感器，具体分类结果如图 3 - 1 所示。

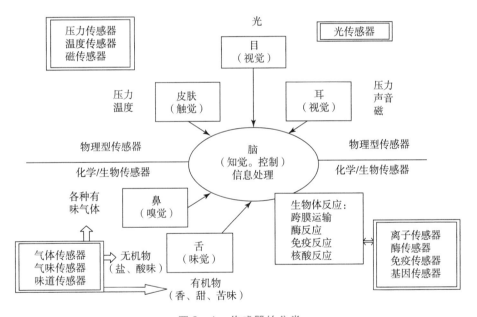

图 3 - 1 传感器的分类

（1）物理传感器。

从测量目的进行区分的话，物理传感器又可分为结构型传感器和物性型传感器两类。结构型传感器以形状和尺寸为基础，按照物理规律感受被测量，并将其转换为电信号以实现测量。例如，按规定参数设计制成的电容式敏感元件，当其感受到所测的压力时，会引起电容变化，进而使电容值发生改变。物性型传感器是用功能材料所具备的特性及效应进行测量的，最后将被测量转换成能利用的电信号。比如由具有压电特性的石英材料制成的压电式传感器，就

是用石英晶体材料本身所具备的电效应实现测量的[194]。物理传感器对物理效应和敏感结构都有一定的要求，结构型传感器依靠的是精密的设计，物性型传感器依靠的是材料本身的特性。

（2）化学传感器。

由化学敏感层及物理转换器组合而成的化学传感器是一种能够提供被测物质化学组成的传感器件。人们对化学传感器的研究历史虽然不长，却也积累了许多研发经验与应用成果，已经引起了不少科技工作者的极大兴趣。世界各国对新型化学传感器的研发都投入了大量的人力、物力和财力，可以说，化学传感器是当今传感器领域中最活跃最有成就的研究对象。

化学传感器的意义在于它可以把物质的化学组分及含量转化为模拟量，不仅拥有体积小、灵敏度高、测量范围宽、价格低廉等优点，还可以实现自动化和智能化的测量。国内外科研人员很早就致力于研究化学传感器的检测方法和控制方法，研制了各式各样的化学传感器分析仪器，并广泛应用于环境检测、生产监控、气体成分分析、有害气体泄漏报警等。在环境保护和监控、疾病预防和治疗，以及不断提高人们的生活质量和工农业方面，化学传感器在长时间内都会是重点发展的领域。

（3）生物传感器。

生物传感器是利用各种生物或生物物质的特性做成的一类传感器，它可以用于检测与识别生物体内的化学成分。目前，研究得比较成熟的生物传感器有酶传感器、微生物传感器、免疫传感器等。其中，酶传感器的研制始于 20 世纪 60 年代，主要由酶制作的固定化膜和基础电极如氧电极、过氧化氢电极或 pH 值电极等构成。根据酶促反应过程中产生或消耗某种电活性物质而决定采用何种电极；利用酶电极测定底物和细菌产物无疑具有良好的效果，然而由于许多酶尚未提纯，已经纯化的酶很多又不够稳定。相比之下，微生物细胞是极为丰富的酶源，而且细胞膜系统本身就是良好的酶活动载体。因此，利用微生物细胞作为分子识别元件，有其独特的优点。这种电极识别部分为固定化微生物，即将活微生物直接包埋在固相膜上，然后将其密封在电极上即成为微生物传感器。免疫传感器主要应用在固定有抗原或抗体的电极的一类传感器，其研制始于 20 世纪 70 年代。该传感器巧妙利用抗体与相应抗原间具有特异性识别和结合能力的原理设计而成。这种传感器的特点是不仅能识别生物大分子，而且选择性好，故能广泛用于蛋白质、肽类、激素、药物等的测定。

2. 内部传感器和外部传感器

传感器除了按上述方式分为物理传感器、化学传感器和生物传感器以外，还可以按别的方式进行分类。例如，机器人中使用的传感器分为视觉、听觉、触觉、力觉和接近觉五大类。从人类生理学观点来看，人的感觉可分为内部感觉和外部感觉，与此类似，机器人的传感器也可分为内部传感器和外部传感器。

（1）机器人内部传感器。

这种类型的传感器主要用来测量运动学和动力学参数，使机器人能够按照规定的位置、轨迹和速度等参数进行工作，感知自身状态并加以调整和控制。位置传感器（见图 3 - 2）、角度传感器（见图 3 - 3）、速度传感器（见图 3 - 4）和加速度传感器（见图 3 - 5）都可作为机器人的内部传感器使用。

图 3 - 2　位置传感器

图 3 - 3　角度传感器

图 3 - 4　速度传感器

图 3 - 5　加速度传感器

（2）机器人外部传感器。

这种类型的传感器主要用来检测机器人所处环境及目标的状况，如对象是什么物体？机器人离物体的距离有多远？机器人抓取的物体是否会滑落？它们帮助机器人准确了解外部情况，促使机器人与环境发生交互作用，并使机器人对环境具有自校正和自适应的能力[195]。视觉传感器（见图 3 - 6）、听觉传感器（见图 3 - 7）、触觉传感器（见图 3 - 8）和接近觉传感器（见图 3 - 9）都可作为机器人的外部传感器使用[196]。

图 3 - 6　视觉传感器

图 3 - 7　听觉传感器

图 3 - 8　触觉传感器

图 3 - 9　接近觉传感器

　　简而言之，机器人的外部传感器就是具有人类五官感知能力的传感器。为了检测作业对象及环境状况或机器人与它们的关系，人们在机器人上安装了视觉传感器、听觉传感器、触觉传感器、接近觉传感器，等等，大大改善了机器人的工作状况，使其能够更为出色地完成复杂工作[197]。

3.1.3　传感器的基本组成

　　传感器一般由敏感元件、转换元件、变换电路和辅助电源四部分组成，其具体组成如图 3 - 10 所示。

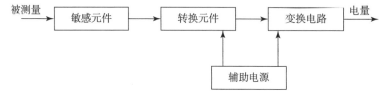

图 3 - 10　传感器的基本组成

在传感器中，敏感元件是指传感器能直接感受或相应被测量的部分；转换元件是指传感器中能将敏感元件感受或相应的被测量转换成适合于传输或测量的电信号部分；变换电路是指将电路参数量（如电阻、电容、电感）转换成便于测量的电量（如电压、电流、频率等）的电路部分；辅助电源是指为转换元件和转换电路供电的电源部分。

敏感元件直接感受被测量，并输出与被测量有确定关系的物理量信号；转换元件将敏感元件输出的物理量信号转换为电信号；变换电路负责对转换元件输出的电信号进行放大调制；转换元件和变换电路一般还需要辅助电源供电[198]。

3.1.4 传感器的主要作用

人们为了从外界获取信息，必须借助于感觉器官。可是外部世界纷繁复杂，单靠人们自身的感觉器官就想在自然研究和科技创新方面大显身手，似乎心有余而力不足。为了适应或改善这种情况，就需要使用传感器。毫不夸张地说，传感器是人类五官功能的延长，故称之为电五官。

目前，人类社会已经进入了信息时代。在利用信息的过程中，首先要解决的问题就是要能够获取准确、可靠的信息，而传感器就是人们从生产、生活领域中获得准确、可靠信息的主要途径与重要手段[199]。

在现代工业生产尤其是自动化生产过程中，人们使用各种传感器来监视和控制生产过程中的各个参数，使设备工作在正常状态或最佳状态，并使产品达到最好的质量[200]。因此可以说，没有众多优良的传感器加盟，现代化生产也就失去了基础。

在基础学科的研究中，传感器的地位与作用更加突出。当前，现代科学技术已渗透进了许多新领域[201]。例如，在宏观上要观察远到上千光年的茫茫宇宙，微观上要观察小到飞米①的粒子世界，纵向上要观察长达数十万年的天体演化，短到数秒间的瞬间反应。此外，还出现了对开拓新能源、新材料等具有重要作用的各种极端技术的研究，如超高温、超低温、超高压、超高真空、超强磁场、超弱磁场，等等。显然，要获取大量人类感官无法直接获取的信息，没有相应的传感器是不行的。基础科学研究的许多障碍，首先就在于对象信息的获取十分困难，而一些新机理和高灵敏度的检测传感器的出现，往往会导致该领域内疑难问题的突破[202]。一些传感器的发展往往成了一些边缘学科开发的先驱。

时至今日，传感器早已渗透进了工业生产、宇宙开发、海洋探测、环境保

---

① 飞米：又称费米（fm），长度单位，相当于 1×10^{-15} m。

护、资源调查、医学诊断、生物工程、文物保护等极其广泛的领域。人们有理由相信，从茫茫的太空到浩瀚的海洋，以及到各种复杂的工程系统，每一个现代化项目都离不开各种各样的传感器。

3.1.5 传感器的发展特点

当前，传感器正朝着微型化、数字化、智能化、多功能化、系统化、网络化的方向发展，这给人们带来了更多的便利，不仅促进了传统产业的自我改造和更新换代，而且还可能建立新工业，发展新业态，从而成为21世纪新的经济增长点。

3.1.6 传感器的主要特性

1. 传感器的静态特性

传感器的静态特性是指针对静态的输入信号，传感器的输出量与输入量之间所具有的相互关系[203]。因为这时输入量和输出量都和时间无关，所以它们之间的关系，即传感器的静态特性可用一个不含时间变量的代数方程来描述，或以一条以输入量为横坐标，以与其对应的输出量为纵坐标而画出的特性曲线来描述。表征传感器静态特性的主要参数有：线性度、灵敏度、迟滞、重复性、漂移、分辨力、阈值等[204]。

（1）线性度——指传感器输出量与输入量之间的实际关系曲线偏离拟合直线的程度。定义为在全量程范围内实际特性曲线与拟合直线之间的最大偏差值与满量程输出值之比[205,206]。

（2）灵敏度——它是传感器静态特性的一个重要指标。其定义为输出量的增量与引起该增量的相应输入量增量之比。用 S 表示灵敏度。

（3）迟滞——传感器在输入量由小到大（正行程）及输入量由大到小（反行程）变化期间其输入输出特性曲线不重合的现象。对于同一大小的输入信号，传感器的正反行程输出信号大小不相等，这个差值称为迟滞差值。

（4）重复性——它是指传感器在输入量按同一方向作全量程连续多次变化时，所得特性曲线不一致的程度。

（5）漂移——指在输入量不变的情况下，传感器输出量会随着时间变化的现象。产生漂移的原因有两个方面：一是传感器自身结构参数的影响所致；二是周围环境（如温度、湿度等）的影响所致。

（6）分辨力——当传感器的输入从非零值缓慢增加时，在超过某一增量后输出发生可观测的变化，这个输入增量称为传感器的分辨力，即最小输入增量。

（7）阈值——当传感器的输入从零值开始缓慢增加时，在达到某一值后输出发生可观测的变化，这个输入值称为传感器的阈值。

2. 传感器的动态特性

动态特性是指传感器在输入变化时其输出的特性。实际工作中，传感器的动态特性常用它对某些标准输入信号的响应来表示。这是因为传感器对标准输入信号的响应容易用实验方法求得，并且它对标准输入信号的响应与它对任意输入信号的响应之间存在一定的关系，往往知道了前者就能推定后者[207]。最常用的标准输入信号有阶跃信号和正弦信号，所以传感器的动态特性也常用阶跃响应和频率响应来表示[208]。

3.1.7 传感器的选型原则

要进行一个具体的测量工作，首先要考虑采用何种原理的传感器，这需要分析多方面的因素之后才能确定[209]。因为，即使是测量同一物理量，也有多种原理的传感器可供选用。哪一种原理的传感器更为合适，则需要根据被测量的特点和传感器的使用条件考虑以下一些具体问题：

①量程的大小；

②被测位置对传感器体积的要求；

③测量方式为接触式还是非接触式；

④信号的引出方法，有线或是非接触测量；

⑤传感器的来源，国产还是进口，或是自行研制。

在考虑上述问题之后就能确定选用何种类型的传感器，然后再考虑传感器的具体性能指标。

（1）灵敏度的选择。

在传感器的线性范围内，通常是希望传感器的灵敏度越高越好[210]。因为只有灵敏度高时，与被测量变化对应的输出信号的值才比较大，有利于信号处理。但要注意的是，传感器的灵敏度高，与被测量无关的外界噪声也容易混入，也会同时被放大系统放大，影响测量精度。因此，要求传感器本身应当具有较高的信噪比，尽量减少从外界引入的干扰信号[211]。

传感器的灵敏度有方向性。当被测量是单向量，而且对其方向性要求较高时，应选择其他方向灵敏度小的传感器；如果被测量是多维向量，则要求传感器的交叉灵敏度越小越好。

（2）频率响应特性的选择。

传感器的频率响应特性决定了被测量的频率范围，必须在允许频率范围内保持不失真。实际上传感器的响应总有一定延迟，希望延迟时间越短越好。传感器的频率响应越高，可测的信号频率范围就越宽。在动态测量中，应根据信号的特点（稳态、瞬态、随机等）确定响应特性，以免产生过大的误差。

（3）线性范围的选择。

传感器的线性范围是指输出与输入成正比的范围。理论上讲，在此范围内，灵敏度保持定值。传感器的线性范围越宽，其量程越大，并能保证一定的测量精度。在选择传感器时，当传感器的种类确定以后首先要看其量程是否满足要求。但实际上，任何传感器都不能保证绝对的线性，其线性度也是相对的。当所要求测量精度比较低时，在一定的范围内，可将非线性误差较小的传感器近似看作线性的，这会给测量带来极大方便。

（4）稳定性的选择。

传感器使用一段时间后，其性能保持不变的能力称为稳定性。影响传感器长期稳定性的因素除传感器本身的结构外，主要是传感器的使用环境[212]。因此，要使传感器具有良好的稳定性，传感器必须要有较强的环境适应能力[213]。在选择传感器之前，应对其使用环境进行调查，并根据具体的使用环境选择合适的传感器，或采取适当的措施，减小环境的影响。传感器的稳定性有定量指标，在超过使用期后，在使用前应重新对所用传感器进行标定，以确定传感器的性能是否发生变化。在某些要求传感器能长期使用而又不能轻易更换或重新标定的场合，所选用的传感器稳定性要求更严格，要能够经受住长时间的考验。

（5）精度的选择。

精度是传感器的一个重要性能指标，关系到整个测量系统的测量精度。但传感器的精度越高，其价格就越昂贵。因此，传感器的精度只要满足整个测量系统的精度要求就可以，不必选得过高。这样就可以在满足同一测量目的的诸多传感器中选择比较便宜和简单的传感器。如果测量目的是定性分析的，选用重复精度高的传感器即可，不宜选用绝对量值精度高的传感器；如果是为了作定量分析之用，必须获得精确的测量值，这时才需要选用精度等级能满足要求的传感器。

3.1.8　环境对传感器的影响

环境对传感器造成影响主要从以下几个方面体现出来：

高温环境对传感器会造成涂覆材料熔化、焊点开裂、弹性体内应力发生结构变化等问题。对于高温环境通常应当采用耐高温的传感器；另外，还必须加装隔热、水冷或气冷等装置。

粉尘、潮湿环境会导致传感器短路。对于此类环境，应选用密闭性高的传感器[214,215]。不同的传感器其密封方式不同，密闭性存在着很大差异。常见的密封方式有密封胶充填或涂覆、橡胶垫机械紧固、焊接（氩弧焊、等离子束焊）和抽真空充氮等。从密封效果来看，焊接密封最佳，充填或涂覆密封胶密封最差。对于在室内干净、干燥环境下工作的传感器，可选择涂胶密封的传感器；对于那些需要在潮湿、粉尘较严重的环境下工作的传感器而言，应选择膜片热套密封或膜片焊接密封、抽真空充氮密封的传感器。

在腐蚀性较高的环境下，潮湿、酸性的气体会对传感器造成弹性体或器件受损，容易产生短路等现象，这时应选择外表面进行过喷塑或不锈钢外罩、抗腐蚀性能强且密闭性好的传感器。

电磁场会对传感器的输出信号产生干扰，有时会使传感器输出紊乱信号。在此情况下，应对传感器的屏蔽性进行严格检查，看其是否具有良好的抗电磁干扰能力。

燃烧和爆炸不仅会对传感器造成彻底性的损害，而且还会给其他设备和人身安全造成巨大威胁。因此，在易燃、易爆环境下工作的传感器应对防爆性能提出更高要求：在易燃、易爆环境下必须选用防爆型传感器，这种传感器的密封外罩不仅要考虑密闭性，还要考虑防爆强度，以及电缆线引出头的防水、防潮、防爆性等。

3.2 眼睛眨眨看得远——机器视觉系统

3.2.1 机器视觉的应用

人通过各个感官从外界获取各种信息，其中通过视觉获取的信息量最多，约占信息总量的80%。但相比自然界中许多拥有"火眼金睛"的神奇生物，人眼的局限性其实很大，所以人们利用视觉传感器来扩展人的视觉范围、提升人的视觉能力，使人看到和看清视觉范围外的微观和宏观世界。

近年来，视觉技术的快速发展，使信息摄取方法由一维发展到了二维及三维的复杂图像处理，敏感器件也由简单的一维光电管线阵发展到了二维光耦合器件。利用这些器件制成的视觉传感器有更高的几何精度、更大的光谱范围和更快的扫描速率，加上尺寸小、功耗低、使用方便、工作可靠，使得视觉传感器成为人类的好帮手。而人们通常所说的机器视觉，就是用机器代替人眼来做测量和判断，通过图像摄取装置将被摄取目标转换成图像信号，传送给专用的图像处理系统，得到被摄目标的形态信息，然后将像素分布、亮度、颜色等信息转变成数字化信号；此后，图像系统对这些信号进行各种运算来抽取目标的特征，进而根据判别的结果来控制现场的设备动作[216]。时至今日，机器视觉的发展日趋完善，在人们的日常生活发挥着必不可少的作用。比如：

1. 目标识别

用于甄别不同的被测物体。这种识别可以基于物品的特殊识别特征来进行，比如根据字符串、条形码或被测物体的形状等特性来识别目标[217]。

2. 位置探测

探测物品的精确位置，用来控制机器人在组装生产线上将产品的组件放置到正确位置上。例如，贴片机就是将元器件放置到印刷电路板（PCB）的正确位置上。

3. 形状和尺寸检测

用于检测产品的几何参数以保障其在允许的公差范围内。这种检测可用于生产过程中；也可以用于产品使用一段时间之后，通过检测来确认产品经磨损后是否仍然满足使用要求。

4. 表面检测

用于检查完成的产品是否存在缺陷，如产品表面是否存在划痕、凹凸不平等。

3.2.2　机器视觉的照明系统

照明是影响机器视觉系统输入情况的重要因素，它直接影响输入数据的质量和应用效果[218]。由于没有通用的机器视觉照明设备，所以针对每个特定的应用案例，要选择合适的照明装置，以达到最佳照明效果。照明系统的核心是光源，光源有可见光的和不可见光的。常用的可见光源有白炽灯、日光灯、水银灯和钠光灯。可见光照明的缺点是光能难以保持稳定，从而影响照明效果。如何使光能在一定程度上保持稳定，是可见光源在实用化过程中急需解决的问题。另一方面，环境光可能影响图像的质量，所以可采用添加防护屏的方法来减少环境光的影响。按光源照射方法，照明系统可分为背向照明、前向照明、结构光照明和频闪光照明等。背向照明是被测物放在光源和摄像机之间，其优点是能获得高对比度的图像。前向照明是光源和摄像机位于被测物的同侧，这种方式便于安装。结构光照明是将光栅或线光源等投射到被测物上，根据它们产生的畸变，解调出被测物的三维信息。频闪光照明是将高频率的光脉冲照射到物体上，摄像机拍摄时要求与光源同步。

1. 光源

（1）白炽灯。

白炽灯（见图 3 - 11）通过在灯丝中传输电流产生光来照明。通常情况下，灯丝是用钨制成的。电流加热灯丝使其产生热辐射。灯丝的温度非常高，其辐射在电磁辐射谱线的可见光范围内。灯丝在真空或充有卤素气体的密闭玻璃灯泡中，常见的卤素气体为碘或溴，以防止灯丝氧化。在灯泡里充满卤素气体比起抽真空可使灯泡的寿命大大延长[219]。白炽灯的优点是相对较亮，而且可以产生色温为 3 000 ~ 3 400 K 的连续光谱。白炽灯的另一个优点是其可以在低电压状态下工作。缺点是发热严重，仅有 5% 左右的能量转换为光，其他都以热的形式散发了。白炽灯的另一个缺点是寿命短，而且不能用作闪光灯。此外，白炽灯老化快，随着时间的推移，其亮度会迅速下降[220]。

（2）氩灯。

氩灯是在密闭的玻璃灯泡中充上氩气，氩气被电离产生色温在 5 500 ~ 12 000 K的非常亮的白光[221]。氩灯常被做成连续发光的短弧灯或长弧灯，还可以做成每秒可闪 200 多次的极亮的闪光灯，如图 3 - 12 所示。短弧灯每次亮的时间可以短至 1 ~ 20 μs。氩灯的缺点是供电复杂且售价昂贵。此外，在几百万次闪光后氩灯会出现老化。

图 3 - 11　白炽灯

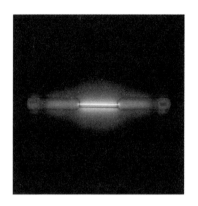

图 3 - 12　氩灯

（3）荧光灯。

与氩灯类似，荧光灯也是一类气体放电光源，通过电流激发在如氩、氖等惰性气体环境中的水银蒸气，产生紫外光辐射。这些紫外光使得封装惰性气体的管壁上的磷盐涂层发出荧光，产生可见光。使用不同的涂层，可以产生 3 000 ~ 6 000 K 色温的可见光。荧光灯由交流电供电，因此会产生与供电频率相同的闪烁次数。在机器视觉的应用中，为了避免图像明暗的反复变化，需要使用不低于 22 kHz 的供电频率。荧光灯的优点是价格便宜，照明面积大。缺点是寿命短、老化快，光谱分布不均匀，在有些频率下有尖峰出现，而且不能当作闪光灯使用。

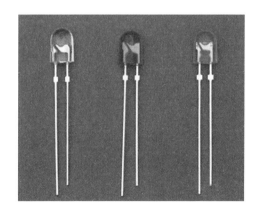

图 3 - 13　发光二极管（LED）

（4）发光二极管。

发光二极管（LED）是一种电致发光的半导体器件，能产生类似单色光的窄光谱光线，如图 3 - 13 所示。其发光亮度与通过二极管的电流相关。灯光颜色取决于所用半导体材料的成分。发光二极管可以制作成红外、可见光及近紫外等多种类型，也可做成白光

LED。实际上白光 LED 内部产生的光是蓝色的，通过在半导体上加上黄磷涂层将蓝光转换为白光。LED 光源的一大优点是寿命长，寿命超过 100 000 h 都非常常见。另外 LED 可用作闪光灯使用，响应速度很快，而且几乎没有老化现象。由于 LED 采用直流供电方式，因此，亮度非常容易控制。另外 LED 光源功耗小，发热小。主要缺点是 LED 的性能与环境温度有关。环境温度越高，LED 的性能越差，寿命越短。由于相比而言，LED 的优点比缺点多得多，所以它是目前机器视觉中应用最多的一种光源。

2. 光与物体间的相互作用

光与物体间有多种相互作用方式。反射发生在不同介质的分界面上；物体表面的粗糙程度等微细结构，决定了光线有多少发生漫反射，又有多少发生镜面反射。漫反射在各个方向上散射的光线基本是均匀的。对于镜面反射，入射光与反射光在同一个平面，而且它们与反射面法线的夹角是相等的。因此，被测物的形状等宏观结构决定了镜面反射的方向。然而在现实中，镜面反射几乎不可能像镜子一样是理想的。发生在金属或绝缘材料（如玻璃或者塑料）表面上的反射使光线产生部分偏振。偏振的产生源于漫反射和镜面反射，但实际上主要是由镜面反射决定的。物体表面反射光的多少由双向反射率分布函数（BRDF）表示。双向反射率分布函数是光线入射方向、观察方向及波长的函数。将双向反射分布函数在两个方向上积分，即可得到表面的反射率，表面反射率仅取决于波长。

在两个透明的介质分界面上也会发生反射，这样产生了背反射，从而导致了重影。光线通过物体产生透射。当光线到达不同介质的分界面时，光的传播方向发生改变产生折射。物体的内部和表面结构决定透射为漫透射或定向透射。透过物体的光线多少称作透射率。同反射率一样，透射率也取决于光线的波长。入射光除反射和透射外剩下的光线都被吸收，吸收就是入射光在物体内部被转换成热。如果假定落到一个物体上的光为 I，反射光为 R，透射光为 T，吸收为 A，根据能量守恒定律可有：$I = R + T + A$。通常黑色的物体能吸收大量的光。除镜面反射外，上述各个物理量均取决于投射到物体的光的波长。不透明物体特有的颜色就是由与波长相关的漫反射及吸收决定的。而透明物体的颜色是与波长相关的透射决定的[85]。实际的物体要比上述复杂得多。比如有的物体是由几层不同的材料组成的，表层对于一定波长的光透明，而反射其他波长的光，下一层又可能反射部分从上一层透过的光。如此一来，为实物找一个合适的光源常常需要进行大量的实验。

3.2.3 镜头

镜头（见图 3 - 14）是机器视觉系统中必不可少的核心部件，直接影响成像质量的优劣和算法的实现及效果。镜头从焦距上可分为短焦镜头、中焦镜头、长焦镜头；从视场大小上可分为广角、标准、远摄镜头；从结构上可分为固定光圈定焦镜头、手动光圈定焦镜头、自动光圈定焦镜头、手动变焦镜头、自动变焦镜头、自动光圈电动变焦镜头和电动三可变（光圈、焦距、聚焦均可变）镜头等[222]。

图 3-14　镜头实物图

对于任何相机来说，镜头的好坏一直是影响其成像质量的关键因素，数码相机也不例外[223]。虽然数码相机的 CCD 分辨率有限，原则上对镜头的光学分辨率要求较低，但由于数码相机的成像面积较小（因为数码相机是成像在 CCD 面板上，而 CCD 的面积较传统 35 mm 相机的胶片小很多），因而需要镜头保证一定的成像质量。

例如，对某一确定的被摄体，水平方向需要 200 像素才能完美再现其细节，如果成像宽度为 10 mm，则光学分辨率为 20 线/mm 的镜头就能胜任；但如果成像宽度仅为 1 mm 的话，则要求镜头的光学分辨率必须在 200 线/mm 以上。此外，传统胶卷对紫外线比较敏感，户外拍照时通常需要加装 UV 镜，而 CCD 对红外线比较敏感，需要为镜头增加特殊的镀层或外加滤镜，以提高成像质量[224]。同时，镜头的物理口径也需要认真考虑，且不管其相对口径如何，其物理口径越大，光通量就越大，数码相机对光线的接受和控制就会更好，成像质量也就越高。

镜头对机器视觉系统来说同样十分重要，选择时需要注意以下几个性能参数：

（1）焦距。

焦距是光学系统中衡量光的聚集或发散的度量方式，指平行光入射时从透镜光心到焦点的距离，也是照相机中从镜片中心到底片或 CCD 等成像平面的距离。具有短焦距的光学系统比长焦距的光学系统有更佳的聚光能力[225]。简单来说，焦距就是焦点到镜头中心点之间的距离。

（2）镜头口径。

镜头口径也叫"有效口径"或"最大口径"。它指每只镜头开足光圈时前镜的光束直径（也可视作透镜直径）与焦距的比数[226]。它表示该镜头最大光圈的纳光能力。如某个镜头焦距是 4，前镜光束直径是 1 时，这就是说焦距比光束直径大 4 倍，一般称它为 f 系数，f 代表焦距。

（3）光圈。

光圈是一个用来控制光线透过镜头进入机身内感光面的光量的装置，它通常安装在镜头内部。平时所说的光圈值 $F1$、$F1.2$、$F1.4$、$F2$、$F2.8$、$F4$、$F5.6$、$F8$、$F11$、$F16$、$F22$、$F32$、$F44$ 和 $F64$ 等是光圈"系数"，是相对光圈，并非光圈的物理孔径，它与光圈的物理孔径及镜头到感光器件（胶片、

CCD 或 CMOS）的距离有关。

表达光圈大小用的是 F 值。光圈 F 值 = 镜头的焦距/镜头口径的直径。从以上公式可知：要达到相同的光圈 F 值，长焦距镜头的口径要比短焦距镜头的口径大。当光圈物理孔径不变时，镜头中心与感光器件距离越远，F 数越大；反之，镜头中心与感光器件距离越近，通过光孔到达感光器件的光密度越高，F 数就越小。

这里需要提及的是，光圈 F 值越小，在同一单位时间内的进光量便越多，而且上一级的进光量刚好是下一级的两倍，例如光圈从 $F8$ 调整到 $F5.6$，进光量便多一倍，也可以说光圈开大了一级[227-228]。多数非专业数码相机镜头的焦距短、物理口径很小，$F8$ 时光圈的物理孔径已经很小了，继续缩小就会发生衍射之类的光学现象，影响成像。所以一般非专业数码相机的最小光圈都在 $F8$ 至 $F11$，而专业型数码相机感光器件面积大，镜头与感光器件距离远，光圈值可以很小。对于消费型数码相机而言，光圈 F 值常常介于 $F2.8 \sim F16$ 之间。

（4）放大倍数。

它是光学镜头的一项性能参数，是指物体通过透镜在焦平面上的成像大小与物体实际大小的比值。

（5）影像至目标的距离。

它也是光学镜头的一项性能参数，是指成像平面上的影像与目标之间的实际距离。

（6）畸变。

畸变是由机器于视觉系统中垂轴放大率在整个视场范围内不能保持常数引起的。当一个有畸变的光学系统对一个方形的网状物体成像时，由于某些参数的不同，可能会形成一个啤酒桶状的图像，这种畸变称为正畸变，也可称为桶形畸变；还有可能会形成一种枕头状的图像，这种畸变称为负畸变，也可称为枕形畸变。在一般的光学系统中，只要畸变引起的图像变形不为人眼所觉察，是可以允许存在的，这一允许的畸变值约为 4%。但是有些需要根据图像来测定物体尺寸的光学系统，如航空测量镜头等，畸变则直接影响其测量精度，必须对其严加校正，使畸变小到万分之一甚至十万分之几。

3.2.4　摄像机/照相机

照相机简称相机，按照不同标准可分为标准分辨率数字相机和模拟相机等。人们可根据不同的应用场合来选用不同的相机[229]。

在光学成像领域，相机（见图 3 - 15）的分类方法很多，主要包含以下几种：

图 3 - 15　相机实物图

（1）按成像色彩划分：可分为彩色相机和黑白相机；

（2）按分辨率划分：像素数在 38 万以下的为普通型，像素数在 38 万以上的为高分辨率型；

（3）按光敏面尺寸大小划分：可分为 1/4、1/3、1/2、1 英寸（1 英寸 = 2.54 厘米）相机；

（4）按扫描方式划分：可分为行扫描相机（线阵相机）和面扫描相机（面阵相机）两种方式；其中面扫描相机又可分为隔行扫描相机和逐行扫描相机；

（5）按同步方式划分：可分为普通相机（内同步）和具有外同步功能的相机等；

此外还可以分为标准分辨率数字相机和模拟相机等。人们可根据不同的应用场合来选用不同的相机。

3.2.5　图像采集模式

图像采集有多种不同模式。

首先看一下最简单的同步采集模式。该模式下，摄像机处于自主运行模式，也就是摄像机不受外触发信号影响而按固定帧率传送图像[230]。模拟摄像机的默认设置通常为这种模式。应用程序发出指令给设备驱动开始采集一幅图像。由于摄像机处于自主运行模式，驱动必须等待帧开始，也就是模拟视频信号的垂直同步信号。然后驱动可以开始重构摄像机传输的图像。对于隔列传输型 CCD、帧转换 CCD 和全局曝光的 CMOS 摄像机，在上一次帧周期中图像曝光。驱动在内存中将图像构成，应用程序就可以处理图像了。第 i 帧图像处理完毕后，采集周期再次开始。因为图像采集和处理必须等待图像传送，因而这种采集模式称作同步采集，该模式最大的缺点是应用程序有许多时间用于等待图像采集的完成。在最好的情况下，也就是图像处理时间少于帧周期时，每隔一帧图像才能得到处理。

异步采集模式可以用于异步复位摄像机，然而用途不大，因为在处理速度足够快时，异步采集已经使得应用程序可以处理每帧图像了。当图像采集必须与外部事件同步时使用异步复位摄像机异步采集。这时比如接近开关或光电传感器等触发设备在被测物到达应该采集的正确位置时会产生触发信号。这种采集模式当应用程序指示设备驱动开始采集时过程开始，驱动指示摄像机或图像卡等待触发信号，同时，上次采集的图像回到应用程序中。如果需要，驱动会等待图像在内存中重构完毕，触发信号到达，摄像机复位、曝光开始，设备驱动将图像通过 DMA 传输至内存重构。

图像采集卡在机器视觉系统中扮演着非常重要的角色，它直接决定了摄像头的接口特性[231]。比如摄像头究竟是黑白的，还是彩色的；是模拟信号的，还是数字信号的。比较典型的图像采集卡是 PCI 或 AGP 兼容的捕获卡，它可以将图像迅速地传送到计算机存储器进行处理。某些图像采集卡有内置的多路开关，可以连接多个不同的摄像机（有多至 8 个的），然后告诉采集卡采用哪一个相机抓拍到的信息。有些采集卡有内置的数字输入装置以触发采集卡进行图像捕捉，当采集卡抓拍图像时数字输出口就触发闸门。图 3 – 16 所示为一款在 PC 上常用的图像采集卡。

图 3 – 16　图像采集卡

3.2.6　机器视觉系统的主要作用与工作机理

机器视觉系统可用于移动机器人的导航。实际上，能用于机器人导航的传感器类型很多，如视觉传感器（包括单目视觉和双目立体视觉）、声呐、GPS、激光测距仪、罗盘和里程计（光电码盘）等[232]。一般实用型的机器人不会只依靠一种传感设备进行导航，而是采用多传感器融合技术，增加导航信息的完整性和冗余性，以达到精确和稳定控制机器人运动的目的。

机器视觉系统在机器人导航中主要起到环境探测和辨识的作用[233]。环境探测包括障碍探测和路标探测，而辨识主要是对路标进行识别，其目的是为移动机器人提供相关的环境信息，如障碍物相对机器人的位置信息、机器人在全局坐标下的位置信息，甚至运动物体的速度、方向、距离信息，以及目标的分类等。机器人视觉导航的优点在于其探测的范围广、取得的信息多，其难点在于机器人导航使用的视频图像信号数据量很大，要求系统具有较高的实时数据处理能力，同时如何从图像中提取对导航有价值的信息也是一个富有挑战性的工作。

一般而言，具有实用功能的简化版机器人视觉导航系统（见图 3 – 17）由以下四个部分组成：

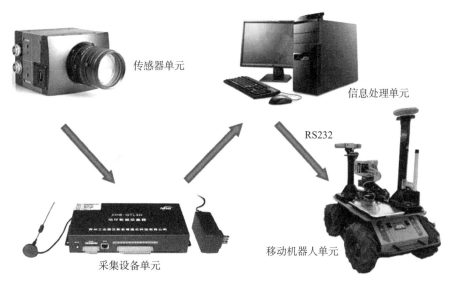

图 3-17 机器人视觉导航系统

1. 传感器单元

机器人视觉导航系统首先通过传感器单元获得各类信息，包括环境信息、机器人的姿态信息等。

2. 采集设备单元

采集设备将传感器系统采集的模拟信号转为数字信号，并将这些信号传递给信息处理单元。

3. 信息处理单元

信息处理单元对接收到的信息进行处理，结合机器人的运动能力及导航要求生成控制指令，并发给机器人驱动控制系统。

4. 移动机器人单元

移动机器人的驱动控制系统收到控制指令后，驱动相应电机转动，使机器人按控制指令运动。

3.3 我的眼球——视觉传感器

视觉传感器是整个机器视觉系统中视觉信息的直接来源，主要由一个或两个图形传感器组成，有时还要配以光投射器及其他辅助设备[234]。视觉传感器的主要功能是获取可供机器视觉系统处理的最原始图像。图像传感器可以使用激光扫描器、线阵和面阵 CCD 摄像机，还可以是最新出现的数字摄像机等。

谈起视觉传感器，人们就会想到 CCD 与 CMOS 两大视觉感应器件。在人们的传统印象中，CCD 代表着高解析度、低噪点等"高大上"品质，而 CMOS 由于噪点问题，一直与电脑摄像头、手机摄像头等对画质相对要求不高的电子产品联系在一起[235]。但是现在 CMOS 今非昔比了，鸟枪换炮，其技术有了巨大进步，目前基于 CMOS 的摄像机绝非只局限于简单的应用，甚至进入了高清摄像机行列。为了更清晰地了解 CCD 和 CMOS 的特点，现在从 CCD 和 CMOS 的不同工作原理说起。

3.3.1 CCD 与 CMOS 的工作原理

1. CCD 器件

CCD 是电荷耦合器件的英文 Charge Coupled Device 单词首字母缩写形式，它是一种半导体成像器件（见图 3 – 18），具有灵敏度高、畸变小、体积小、寿命长、抗强光、抗震动等优点[236]。工作时，被摄物体的图像经过镜头聚焦至 CCD 芯片上，CCD 根据光的强弱情况积累相应比例的电荷，各个像素积累的电荷在视频时序的控制下，逐点外移，经滤波、放大处理后，形成视频信号输出。当视频信号连接到监视器或电视机的视频输入端时，人们便可以看到与原始图像相同的视频图像。

图 3 – 18　CCD 实物图

需要说明的是，在 CCD 中，上百万个像素感光后会生成上百万个电荷，所有的电荷全部需要经过一个"放大器"进行电压转变，形成电子信号[237]。因此，这个"放大器"就成了一个制约图像处理速度的"瓶颈"。当所有电荷由单一通道输出时，就像千军万马过"独木桥"一样，庞大的数据量很容易引发信号"拥堵"现象，而数码摄像机高清标准（HDV）却恰恰需要在短时间内处理大量数据[238]。因此，在民用级产品中使用单 CCD 是无法满足高速读取高清数据的需要的。

CCD 器件主要由硅材料制成，对近红外光线比较敏感，光谱响应可延伸至 1.0 μm 左右，响应峰值为绿光（550 nm）。夜间采用 CCD 器件隐蔽监视时，可以用近红外灯辅助照明，人眼看不清的环境情况在监视器上却可以清晰成像。由于 CCD 器件表面有一层吸收紫外线的透明电极，所以 CCD 对紫外线并不敏感。彩色摄像机的成像单元上有红、绿、蓝三色滤光条，所以彩色摄像机对红外线和紫外线均不敏感。

2. CMOS 器件

CMOS 是互补金属氧化物半导体器件的英文 Complementary Metal Oxide Semiconductor 单词首字母缩写形式，它是一种电压控制的放大器件（见图 3 – 19），也是组成 CMOS 数字集成电路的基本单元[239]。CMOS 中一对由 MOS 组成的门电路在瞬间要么 PMOS 导通，要么 NMOS 导通，要么都截止，比线性三极管的效率高得多，因此其功耗很低。

图 3 – 19　CMOS 实物图

传统的 CMOS 是一种感光度仅为 CCD 1/10 的传感器。它可以将所有的逻辑运算单元和控制环都放在同一个硅芯片上，使摄像机变得架构简单、易于携带，因此 CMOS 摄像机可以做得非常小巧。与 CCD 不同的是，CMOS 的每个像素点都有一个单独的放大器转换输出，因此 CMOS 没有 CCD 的瓶颈问题，能够在短时间内处理大量数据，输出高清影像，满足 HDV 的需求。另外，CMOS 工作所需要的电压比 CCD 的低很多，功耗只有 CCD 的 1/3 左右，因此电池尺寸可以做得很小，方便实现摄像机的小型化。而且每个 CMOS 都有单独的数据处理能力，这也大大减少了集成电路的体积，为高清数码相机的小型化，甚至微型化奠定了基础。

3.3.2　CCD 与 CMOS 的比较

CCD 和 CMOS 的制作原理并没有本质上的区别，CCD 与 CMOS 孰优孰劣也不能一概而论。一般而言，普及型的数码相机中使用 CCD 芯片的成像质量要好一些，这是因为 CCD 是集成在半导体单晶材料上，而 CMOS 是集成在金属氧化物的半导体材料上，这导致两者的成像质量出现了分别。CMOS 的结构相对简单，其生产工艺与现有大规模集成电路的生产工艺相同，因而使得生产成本有所降低。

从原理上分析，CMOS 的信号是以点为单位的电荷信号，而 CCD 是以行为单位的电流信号，前者更省电，速度也更快捷。现在生产的高级 CMOS 并不比一般的 CCD 成像质量差，但相对来说，CMOS 的工艺还不是十分成熟，普通的 CMOS 一般分辨率较低而导致成像质量较差。

目前数码相机的视觉感应器只有 CCD 感应器和 CMOS 感应器两种。市面上绝大多数消费级别和高端级别的数码相机都使用 CCD 作为感应器，一些低端摄像头和简易相机上则采用 CMOS 感应器[240]。若有哪家摄像头厂商生产的摄像头里使用了 CCD 感应器，厂商一定会不遗余力地以其作为卖点大肆宣传，甚至冠以"高级数码相机"之名。一时间，是否使用了 CCD 感应器成为人们判断数码相机档次的标准。实际上，这些做法和想法并不十分科学，CCD 与 CMOS 的工作原理就可以说明真实情况。

CCD 是一种可以记录光线变化的半导体组件，由许多感光单位组成，通常以百万像素为单位。当 CCD 表面受到光线照射时，每个感光单位会将电荷反映在组件上，所有的感光单位所产生的信号加在一起，就构成了一幅完整的画面。CMOS 和 CCD 一样，同为在数字相机中可记录光线变化的半导体。CMOS 的制造技术和一般计算机芯片的制造技术没有什么差别，主要是利用硅和锗这两种元素所做成的半导体，使其在 CMOS 上共存着带 N（带负电）和 P（带正电）级的半导体，这两个互补效应所产生的电流即可被处理芯片记录和解读成影像。

尽管 CCD 在影像品质等各方面优于 CMOS，但不可否认的是 CMOS 具有低成本、低耗电以及高整合度的特性。由于数码影像产品的需求十分旺盛，CMOS 的低成本和稳定供货品质使之成为相关厂商的心头肉，也因此愿意投入巨大的人力、物力和财力去改善 CMOS 的品质特性与制造技术，这使得 CMOS 与 CCD 两者的差异在日益缩小[241]。

3.3.3 彩色摄像机

CCD 和 CMOS 传感器对于近紫外 200 nm 至可见光 380～780 nm，直至近红外 1100 nm 波长范围都有响应。每个传感器都是按其光谱响应函数对于入射光作出响应的。传感器产生的灰度是传感器所能感应的所有波长范围内入射光的积累后按传感器光谱响应的结果。

传感器的光谱响应范围比人眼范围要宽广许多。在有些应用中可以利用红外闪光灯照明，在传感器上使用红外通过滤镜使可见光得到抑制，仅使红外光到达传感器。由于人眼对于红外光没有响应，使用红外闪光灯时可以不要屏蔽。另一方面，尽管传感器对紫外光也有响应，但是由于通常情况下镜头是玻璃制作的，可阻止紫外光，因此通常不需要特殊滤光片来滤掉紫外光。当需要紫外光响应时，则需要使用特殊的镜头。

由于 CCD 和 CMOS 传感器对于整个可见光波段全部有响应，所以无法产生彩色图像。为了产生彩色图像，需要在传感器前面加上彩色滤镜阵列（Color Filter Array，CFA）使得一定范围的光到达每个光电探测器[242]。由于这种传感器仅使用一个芯片得到彩色信息，所以称作单芯片摄像机。最常见的滤镜阵列由三种滤镜组成，每种滤镜都可以透过人眼敏感的三基色红、绿、蓝中的一种。由于人眼对绿色最为敏感，所以滤镜阵列中绿色采样频率是其他两种滤镜的两倍。值得注意的是，由于绿色滤镜采样是 1/2，而红、蓝滤镜是 1/4，这就导致了严重的图像失真。通常在传感器前加上控图像失真滤光片。单芯片彩色摄像机传感器前加有 Bayer 滤镜阵列，使得一定波长范围的光到达每个光电传感器。为了得到传感器全分辨率下的彩色图像，少采样的部分需要通过称作颜色插值的处理来重建。而这会产生彩条等明显的人为的颜色缺陷。所以有关颜色插值的新型方法是目前的研究热点。

3.4 我可以知远近——测距传感器

3.4.1 测距传感器的分类

顾名思义，测距传感器就是能够测量距离的传感器。常见的测距传感器有超声波测距传感器、红外线测距传感器和激光测距传感器等。

1. 超声波测距传感器

超声波测距传感器（见图 3-20）是机器人经常采用的传感器之一，用来检测机器人前方或周围有无障碍物，并测量机器人与障碍物之间的距离[243]。超声波测距的原理犹如蝙蝠超声波测物一样，蝙蝠的嘴里可以发出超声波，超声波向前方传播，当超声波遇到昆虫或障碍物时会发生反射，蝙蝠的耳朵能够接收反射回波，从而判断昆虫或障碍物的位置和距离并予以捕杀或躲避。超声波传感器的工作方式与蝙蝠类似，通过发送器发射超声波，当超声波被物体反射后传到接收器，通过接收反射波来判断是否检测到物体。

图 3-20 超声波测距
传感器

超声波是一种在空气中传播的超过人类听觉频率极限的声波[244]。人的听觉所能感觉的声音频率范围因人而异，在 20 Hz ~ 20 kHz 之间。超声波的传播速度 v 可以用式（3-1）表示：

$$v = 331.5 + 0.6T \quad (\text{m/s}) \tag{3-1}$$

式中，$T(\text{℃})$ 为环境温度，在 23℃ 的常温下超声波的传播速度为 345.3 m/s。超声波传感器一般就是利用这样的声波来检测物体的。

2. 红外线测距传感器

红外线测距传感器（见图 3-21）是一种以红外线为工作介质的测量系统，具有可远距离测量（在无发光板和反射率低的情况下）、有同步输入端（可多个传感器同步测量）、测量范围广、响应时间短、外形紧凑、安装简易、便于操作等优点，在现代科技、国防和工农业生产等领域中获得了广泛应用[245]。

3. 激光测距传感器

激光具有方向性强、单色性好、亮度高等许多优点，在检测领域（见图3－22）应用十分广泛[246]。1965年，苏联的科学家们利用激光测量地球和月球之间的距离（384 401 km），误差只有250 m。1969年，美国宇航员登月后在月安置反射镜，也用激光测量地月之间的距离，误差只有15 cm。

图3－21　红外线测距传感器　　　　　图3－22　激光测距传感器

3.4.2　测距传感器的工作原理

1. 超声波测距传感器的工作原理

超声波传感器测距是通过超声波发射器向某一方向发射超声波，并在发射超声波的同时开始计时，超声波在空气中传播时碰到障碍物就立即反射回来，超声波接收器收到反射波后就立即停止计时[247]。已知超声波在空气中的传播速度为v，根据计时器记录的发射声波和接收回波的时间差Δt，就可以计算出超声波发射点距障碍物的距离S[248]，即：

$$S = v \cdot \Delta t / 2 \tag{3-2}$$

上述测距方法即是所谓的时间差测距法。

需要指出的是，由于超声波也是一种声波，其声速与环境温度有关。在使用超声波传感器测距时，如果环境温度变化不大，则可认为声速是基本不变的[249]。常温下超声波的传播速度是334 m/s，但其传播速度v易受空气中温度、湿度、压强等因素的影响，其中受温度的影响较大。如环境温度每升高1 ℃，声速增加约0.6 m/s。如果测距精度要求很高，则应通过温度补偿的方法加以校正，其公式见式（3－1）。

在许多应用场合，采用小角度、小盲区的超声波测距传感器，具有测量准确、无接触、防水、防腐蚀、低成本等优点。有时还可根据需要采用超声波传感器阵列来进行测量，可提高测量精度、扩大测量范围[250]。图3－23所示为超声波传感器阵列，图3－24所示为搭载了超声波测距阵列的电动小车。

图 3 - 23 超声波传感器阵列

图 3 - 24 搭载了超声波传感器的电动车

2. 红外线测距传感器的工作原理

红外线测距传感器利用红外信号遇到障碍物距离的不同其反射的强度也不同的原理，进行障碍物远近的检测[251]。红外线测距传感器具有一对红外信号发射与接收的二极管，发射管发射特定频率的红外信号，接收管接收这种特定频率的红外信号，当红外信号在检测方向遇到障碍物时，会产生反射，反射回来的红外信号被接收管接收，经过处理之后，通过数字传感器接口返回到机器人主机，机器人即可利用红外的返回信号来识别周围环境的变化。需要说明的是，机器人在这里利用了红外线传播时不会扩散的原理，由于红外线在穿越其他物质时折射率很小，所以长距离测量用的测距仪都会考虑红外线测距方式。红外线的传播是需要时间的，当红外线从测距仪发出一段时间碰到反射物经过反射回来被接收管收到，人们根据红外线从发出到被接收到的时间差（Δt）和红外线的传播速度（C）就可以算出测距仪与障碍物之间的距离[252]。简言之，红外线的工作原理就是利用高频调制的红外线在待测距离上往返产生的相位移推算出光束渡越时间 Δt，从而根据 $D = (C \times \Delta t)/2$ 得到距离 D。

图 3 - 25 所示红外线测距传感器的型号为 GP2Y0A21YK0F，该传感器由位置敏感探测集成单元（PSD）、红外发光二极管和信号处理电路组成，工作原理如图 3 - 26 所示，其测距功能是基于三角测量原理实现的（见图 3 - 26）[253]。

由图可知，红外发射器按照一定的角度发射红外光束，当遇到物体以后，这束光会反射回来，反射回来的红外光束被 CCD 检测器检测到以后，会获得一个偏移值 L[254]。在知道了发射角度 a、偏移距 L、中心距 X，以及滤镜的焦距 f 以后，传感器到物体的距离 D 就可以利用三角几何关系计算出来了。

可以看到，当距离 D 很小时，L 值会相当大，可能会超过 CCD 的探测范围。这时虽然物体很近，但传感器反而看不到了。而当距离 D 很大时，L 值就会非常小。这时 CCD 检测器能否分辨得出这个很小的 L 值也难以肯定。换言

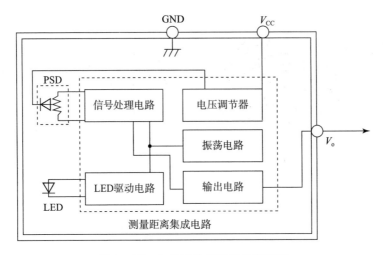

图 3-25　红外线传感器工作原理图

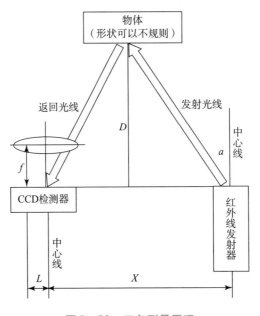

图 3-26　三角测量原理

之，CCD 的分辨率决定了能不能获得足够精确的 L 值。要检测越远的物体，CCD 的分辨率要求就越高。由于采用的是三角测量法，物体的反射率、环境温度和操作持续时间等因素反而不太容易影响距离的检测精度。

　　红外线测距传感器可以用于测量距离、实现避障、进行定位等作业，广泛应用于移动机器人和智能小车等运动平台上。图 3-27 所示为一款装置了红外线测距传感器和超声波测距传感器的智能小车。

图 3 - 27　装置着红外线测距传感器和
超声波测距传感器的智能小车

3. 激光测距传感器的工作原理

激光测距传感器工作时，先由激光发射器对准目标发射激光脉冲，经目标反射后激光向各方向散射，部分散射光返回到激光接收器，被光学系统接收后成像到雪崩光电二极管上[255]。雪崩光电二极管是一种内部具有放大功能的光学传感器，因此它能检测到极其微弱的光信号。记录并处理从激光脉冲发出到返回被接收所经历的时间，即可测定目标的距离[256]。需要说明的是，激光测距传感器必须极其精确地测定传输时间，因为光速太快，微小的时间误差也会导致极大的测距误差。该传感器的工作原理如图 3 - 28 所示。

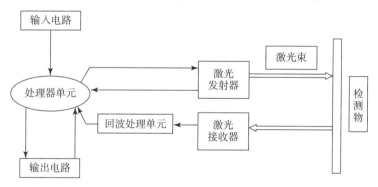

图 3 - 28　激光测距传感器的工作原理

3.5　我的皮肤有触觉——能量传感器

3.5.1　触觉传感器的分类

触觉是人或某些生物与外界环境直接接触时的重要感觉功能，而触觉传感器（见图3-29）就是用于模仿人或某些生物触觉功能的一种传感器[257]。研制高性能、高灵敏度、满足使用要求的触觉传感器是机器人发展中的关键技术之一。随着微电子技术的发展和各种新材料、新工艺的不断出现与广泛应用，人们已经提出多种触觉传感器研制方案，展现了触觉传感器发展的美好前景。但目前这些方案大都还处于实验室样品试制阶段，达到产品化、市场化要求的不多，因而还需加快触觉传感器研制的步伐。

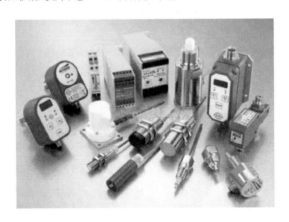

图3-29　触觉传感器实物图

触觉传感器按功能大致可分为接触觉传感器、力-力矩觉传感器、压觉传感器和滑觉传感器等。

3.5.2　触觉传感器的工作原理

1. 接触觉传感器

接触觉传感器是一种用以判断机器人（主要指机器人四肢）是否接触到外界物体或测量被接触物体特征的传感器，主要有微动开关、导电橡胶、含碳海绵、碳素纤维、气动复位式等类型，下面分别予以介绍[258]。

（1）微动开关式接触觉传感器。

该类型传感器（见图3-30）由弹簧和触头构成。触头接触外界物体后离开基板，使得信号通路断开，从而测到与外界物体的接触[259]。这种常闭式（未接触时一直接通）的微动开关其优点是结构简单、使用方便，缺点是易产生机械振荡和触头易发生氧化。

（2）导电橡胶式接触觉传感器。

该类型传感器（见图3-31）以导电橡胶为敏感元件。当触头接触外界物体受压后，压迫导电橡胶，使其电阻发生改变，从而使流经导电橡胶的电流发生变化[260]。这种传感器的优点是具有柔性，缺点是由于导电橡胶的材料配方存在差异，出现的漂移和滞后特性往往并不一致。

图 3 – 30　微动开关式接触觉传感器　　　　图 3 – 31　导电橡胶式接触觉传感器

（3）含碳海绵式接触觉传感器。

该类型传感器（见图 3 – 32）在基板上装有海绵构成的弹性体，在海绵中按阵列布以含碳海绵[261]。当其接触物体受压后，含碳海绵的电阻减小，使流经含碳海绵的电流发生变化，测量该电流的大小，便可确定受压程度。这种传感器也可用作压觉传感器。优点是结构简单、弹性良好、使用方便。缺点是碳素分布的均匀性直接影响测量结果和受压后的恢复能力较差。

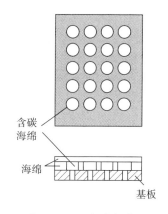

图 3 – 32　含碳海绵式
接触觉传感器

（4）碳素纤维式接触觉传感器。

该类型传感器以碳素纤维为上表层，下表层为基板，中间装以氨基甲酸酯和金属电极。接触外界物体时，碳素纤维受压与电极接触导电，于是可以判定发生接触。该传感器的优点是柔性好，可装于机械手臂曲面处，使用方便。缺点是滞后较大。

（5）气动复位式接触觉传感器。

该类型传感器（见图 3 – 33）具有柔性绝缘表面，受压时变形，脱离接触时则由压缩空气作为复位的动力。与外界物体接触时其内部的弹性圆泡（铍铜箔）与下部触点接触而导电，由此判定发生接触。该传感器的优点是柔性好、可靠性高。缺点是需要压缩空气源，使用时稍显复杂。

2. 力 – 力矩觉传感器

力 – 力矩觉传感器是用于测量机器人自身或与外界相互作用而产生的力或力矩的传感器[262]。它通常装在机器人各关节处。众所周知，在笛卡尔坐标系中，刚体在空间的运动可用表示刚体质心位置的三个直角坐标和分别绕三个直角坐标轴旋转的角度坐标来描述。人们可以用一些不同结构的弹性敏感元件来感受机器人关节在 6 个自由度上所受的力或力矩，再由粘贴其上的应变片将力或力矩的各个分量转换为相应的电信号。常用的弹性敏感元件其结构形式有十字交叉式、三根竖立弹性梁式和八根弹性梁横竖混合式，等等。图 3-34 所示为三根竖立弹性梁 6 自由度力觉传感器的结构简图。由图可见，在三根竖立梁的内侧均粘贴着张力测量应变片，在外侧则都粘贴着剪切力测量应变片，这些测量应变片能够准确测量出对应的张力和剪切力变化情况，从而构成 6 个自由度上的力和力矩分量输出。

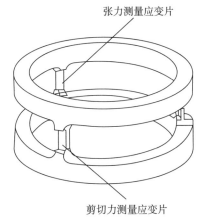

张力测量应变片

剪切力测量应变片

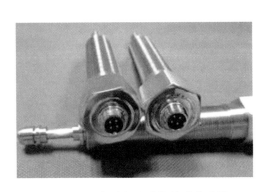

图 3-33　气动复位式接触觉传感器　　图 3-34　竖梁式 6 自由度力觉
传感器结构简图

3. 压觉传感器

压觉传感器是测量机器人在接触外界物体时所受压力和压力分布的传感器。它有助于机器人对接触对象的几何形状和材质硬度进行识别。压觉传感器的敏感元件可由各类压敏材料制成，常用的有压敏导电橡胶、由碳纤维烧结而成的丝状碳素纤维片和绳状导电橡胶的排列面等。图 3-35 显示的是一种以压敏导电橡胶为基本材料所构成的压觉传感器。由图可见，在导电橡胶上面附有柔性保护层，下部装有玻璃纤维保护环和金属电极。在外部压力作用下，导电橡胶的电阻发生变化，使基底电极电流产生相应变化，从而检测出与压力成一定关系的电信号及压力分布情况。通过改变导电橡胶的渗入成分可控制电阻的大小。例如渗入石墨可加大导电橡胶的电阻，而渗碳或渗镍则可减小导电橡胶的电阻。通过合理选材和精密加工，即可制成如图 3-35 所示的高密度分布式压觉传感器。这种传感器可以测量细微的压力分布及其变化，堪称优良的"人工皮肤"。

4. 滑觉传感器

滑觉传感器可用于判断和测量机器人抓握或搬运物体时物体产生的滑移现象。它实际上是一种位移传感器。按有无滑动方向检测功能，该传感器可分为无方向性、单方向性和全方向性三类，下面予以分别介绍。

（1）无方向性滑觉传感器。

该类型传感器主要为探针耳机式，主要由蓝宝石探针、金属缓冲器、压电罗谢尔盐晶体和橡胶缓冲器组成[263]。当滑动产生时探针产生振动，由罗谢尔盐晶体将其转换为相应的电信号。缓冲器的作用是减小噪声的干扰。

（2）单方向性滑觉传感器。

该类型传感器主要为滚筒光电式。工作时，被抓物体的滑移会使滚筒转动，导致光敏二极管接收到透过码盘（装在滚筒的圆面上）射入的光信号，通过滚筒的转角信号（对应着射入的光信号）而测出物体的滑动。

（3）全方向性滑觉传感器。

该类型传感器采用了表面包有绝缘材料并构成经纬分布的导电与不导电区的金属球（见图 3-36）。当传感器接触物体并产生滑动时，这个金属球就会发生转动，使球面上的导电与不导电区交替接触电极，从而产生通断信号，通过对通断信号的计数和判断即可测出滑移的大小和方向。

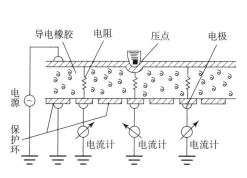

图 3-35　高密度分布式压觉
传感器工作原理图

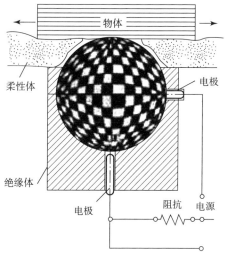

图 3-36　球式滑觉传感器
工作原理

3.6 我的运动可平衡——姿态传感器

3.6.1 姿态传感器的分类

姿态传感器（见图3-37）在机器人传感探测系统中经常会占有一席之地，它是机器人实现对自身姿态进行精确控制而必不可少的器件之一，地位不可小觑。目前，机器人技术领域使用的姿态传感器是一种基于MEMS（微机电系统）技术的高性能三维运动姿态测量系统。它包含三轴陀螺仪、三轴加速度计、三轴电子罗盘等运动传感器，通过内嵌的低功耗ARM处理器得到经过温度补偿的三维姿态与方位等数据[264]。利用基于四元数的三维算法和特殊的数据融合技术，实时输出以四元数、欧拉角表示的零漂移三维姿态方位数据。姿态传感器可广泛嵌入到航模、无人机、机器人、机械云台、车辆船舶、地面及水下

图3-37 姿态传感器
实物图

设备、虚拟现实装备，以及人体运动分析等需要自主测量三维姿态与方位的产品或设备中[265]。

3.6.2 姿态传感器的工作原理

要了解姿态传感器的工作原理，就应当先了解陀螺仪、加速度计等的结构特性与工作原理，所以就从它们切入与展开。

1. 三轴陀螺仪

在一定的初始条件和一定的外在力矩作用下，陀螺会在不停自转的同时，还绕着另一个固定的转轴不停地旋转，这就是陀螺的旋进，又称为回转效应[266]。陀螺旋进是日常生活中司空见惯的现象，人们耳熟能详的陀螺就是例子。人们利用陀螺的力学性质所制成的各种功能的陀螺装置称为陀螺仪（Gyroscope），它在国民经济建设各个领域都有着广泛的应用。

陀螺仪（见图3-38）是用高速回转体的动量矩来感受壳体相对惯性空间绕正交于自转轴的一个或两个轴的角运动检测装置[267]。利用其他原理制成的能起同样功能作用的角运动检测装置也称陀螺仪。三轴陀螺仪可同时测定物体在6个方向上的位置、移动轨迹和加速度，单轴陀螺仪只能测量两个方向的量[268]。也就是说，一个6自由度系统的测量需要用到三个单轴陀螺仪，而一个三轴陀螺仪就能替代三个单轴陀螺仪。三轴陀螺仪的体积小、重量轻、结构

简单、可靠性好，在许多应用场合都能见到它的身影。

2. 三轴加速度计

加速度传感器是一种能够测量加速力的电子设备。加速力就是物体在加速过程中作用在物体上的力，好比地球的引力[269]。加速力可以是常量，也可以是变量。加速度计有两种：一种是角加速度计，是由陀螺仪（角速度传感器）改进的；另一种是线加速度计。加速度计种类繁多，其中有一种是三轴加速度计（见图 3 – 39），它同样是基于加速力的基本原理实现测量工作的。

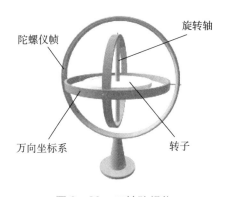

陀螺仪帧

旋转轴

万向坐标系

转子

图 3 –38 三轴陀螺仪

图 3 –39 三轴加速度计

学过物理的同学都知道，加速度是个空间矢量，了解物体运动时的加速度情况对控制物体的精确运动十分重要。但要准确了解物体的运动状态，就必须测得其在三个坐标轴上的加速度分量。另一方面，在预先不知道物体运动方向的情况下，只有应用三轴加速度计来检测加速度信号，才有可能帮助人们破解物体如何运动之谜[270]。通过测量由于重力引起的加速度，人们可以计算出所用设备相对于水平面的倾斜角度；通过分析动态加速度，人们可以分析出所用设备移动的方式。加速度计可以帮助机器人了解它身处的环境和实时的状态，是在爬山？还是在下坡？摔倒了没有？对于飞行机器人来说，加速度计在改善其飞行姿态的控制效果方面也至为重要。

目前的三轴加速度计大多采用压阻式、压电式和电容式工作原理，产生的加速度正比于电阻、电压和电容的变化，通过相应的放大和滤波电路进行采集[271]。这个和普通的加速度计是基于同样的工作原理的，所以经过一定的技术加工，三个单轴加速度计就可以集成为一个三轴加速度计。

两轴加速度计已能满足多数应用设备的需求，但有些方面的应用还离不开三轴加速度计，例如在移动机器人和飞行机器人的姿态控制中，三轴加速度计能够起到不可或缺的作用，这是单轴或两轴加速度计所望尘莫及的。

3. MPU6050

MPU6050 是美国 INVENSENCE 公司推出的一款组合有多种测量功能的传感器，具有低成本、低能耗和高性能的特点[272]。该传感器首次集成了三轴陀螺仪和三轴加速度计，拥有数字运动处理单元（DMP），可直接融合陀螺仪和加速度计采集的数据。其集成的陀螺仪最大能检测 ±2 000°/s，其集成的加速度计最大能检测 ±16g，最大能承受 10 000g 的外部冲击。MPU6050 采用一种集成电路总线（IIC）协议与主控芯片 STM32 进行通信，工作效率很高，其实物图如图 3 – 40 所示。

图 3 – 40　MPU6050 实物图

3.7　拥有灵敏感觉的其他奥秘

对于机器人来说，还有许多其他的传感器可以帮助其提高对外界和内部的感测能力，这是机器人拥有灵敏感觉的奥秘所在。

1. 光敏传感器

光敏传感器实质上就是光敏电阻，又称光导管，是一种纯电阻元件，其工作原理依据于光电导效应，其阻值随光照增强而减小[273]。光敏电阻具有很高的灵敏度和很好的光谱特性，其光谱响应范围从紫外区延伸到红外区，而且具有体积小、重量轻、性能稳定、价格便宜等一系列优点，因此应用比较广泛。

光敏电阻结构比较简单，光敏电阻的管心是一块安装在绝缘衬底上带有两个欧姆接触电极的光电导体[274]。由于光电导体吸收光子而产生的光电效应只限于光照的表面薄层，因此光电导体一般都做成薄层。由于光电导灵敏度随光敏电阻两电极间距的减小而增大。因此，为了获得较高的灵敏度，光敏电阻的电极一般都采用梳状图案。它是在一定的掩模下向光电导薄膜上蒸镀金或铟等金属形成的。由于这种梳状电极在间距很近时会采用大的极板面积，所以提高了光敏电阻的灵敏度。但光敏电阻的灵敏度易受湿度的影响，因此要将光电导体严密封装在玻璃壳体中。如果把光敏电阻连接到外电路中，在外加电压的作用下，用光照射就能改变电路中电流的大小。

光敏二极管（见图 3 – 41）也是一种光敏传感器，其结构与一般二极管相似，装在透明玻璃外壳中，其 PN 结装在管顶，可直接受到光照射[275]。光敏二极管在电路中一般是处于反向工作状态。当没有光照射时，光敏二极管处于截止状态，反向电阻很大。这时只有少数载流子在反向偏压的作用下，渡越阻挡层形成微小的反向电流即暗电流；受光照射时，PN 结附近受光子轰击，吸

收其能量而产生电子 – 空穴对，从而
使 P 区和 N 区的少数载流子浓度大大
增加，因此在外加反向偏压和内电场
的作用下，P 区的少数载流子渡越阻
挡层进入 N 区，N 区的少数载流子渡
越阻挡层进入 P 区，从而使通过 PN
结的反向电流大为增加，这就形成了
光电流[276]。光敏二极管的光电流与
照度之间呈线性关系，所以光敏二极
管特别适合检测等方面的应用[277]。

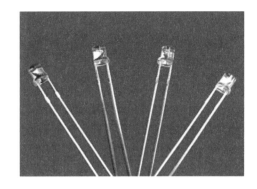

图 3 – 41　光敏二极管

2. 温度传感器

温度是一个基本的物理量，在工业生产及实验研究中，如机械、食品、化
工、电力、石油、冶金、航空航天以及汽车等领域，温度常常是表征对象和过
程状态的重要参数。温度传感器是开发最早、应用最广的一类传感器[278]。根
据美国仪器学会的调查，1990 年，温度传感器的市场份额大大超过了其他的
传感器。从 17 世纪初伽利略发明温度计开始，人们开始利用温度进行测量。
真正把温度变成电信号的传感器是 1821 年由德国物理学家赛贝克发明的，这
就是后来的热电偶传感器（温度传感器的一种）。50 年以后，另一位德国人西
门子发明了铂电阻温度计。在半导体技术的支持下，20 世纪里人们相继开发
了半导体热电偶传感器、PN 结温度传感器和集成温度传感器[279]。图 3 – 42 所
示产品就是在日常生活和生产中经常用到的各种温度传感器。

图 3 –42　常见的温度传感器

从理论上讲，凡随温度变化，其物理性质也发生变化的物质皆能作为测温
传感器。在工农业生产和科学研究中温度测量的范围极宽，从零下几百摄氏度
到零上几千摄氏度，而各种材料制成的温度传感器都只能在一定的温度范围内
使用。

温度传感器按照与被测物体是否发生接触可以分为接触式和非接触式两大
类。所谓接触式就是传感器直接与被测物体进行触碰，这是测温的基本形式。

这种形式是通过接触的方式把被测物体的热能量传送给温度传感器，这就降低了被测物体的温度。特别是被测物较小，热能量较弱时，这种测量方式不能正确地测得物体的真实温度。因此，采用接触方式时，测得物体真实温度的前提条件是，被测物体的热容量必须远大于温度传感器[280]。而所谓非接触方式，是测量被测物体的辐射热的一种方式，它可以测量远距离物体的温度，这是接触方式做不到的，在许多场合这种性质十分有利[281]。

温度传感器按照输出信号模式的不同可分为三类，即：模拟式温度传感器、逻辑输出式温度传感器、数字式温度传感器[282]。

1）模拟式温度传感器。

模拟式温度传感器可分为两类：一类是分立式模拟温度传感器，另一类是集成式模拟温度传感器[283]。热电偶、热敏电阻和铂电阻温度传感器等都属于传统分立式模拟温度传感器。这些模拟式温度传感器在一些特定温度范围内对温度的监控会出现线性度不好的现象，需要进行冷端补偿或引线补偿，导致出现热惯性大、响应时间慢等问题。集成式模拟温度传感器在 20 世纪 80 年代问世，采用硅半导体集成工艺制成。它是一种将温度传感器集成在一个芯片上，可完成温度测量及模拟信号输出功能的专用芯片（IC），因此亦称为 IC 温度传感器、硅传感器或单片集成温度传感器[284]。其主要特点是功能单一（仅测量温度）、测温误差小、价格低、响应速度快、体积小、微功耗，适合远距离测温、控温，不需要进行非线性校准，外围电路简单。常见的模拟温度传感器有电流输出型的 AD590、电压输出型的 MAX6610/6011、LM3911、LM335、LM45 等芯片。

热电偶是目前工业上应用得较为广泛的分立式模拟温度传感器的一种。热电偶是一种发电型的传感器元件，它将温度信号转换成电动势信号，配以测量电动势信号的仪表或变送器，便可以实现温度的测量或温度信号的变换。热电偶应用广泛的原因在于它具有如下特点：

（1）测温精度高。热电偶的测温精度可达 0.1～0.2℃，仅次于热电阻。由于热电偶具有良好的复现性和稳定性，所以国际实用温标中规定热电偶作为复现 630.74～1064.43℃ 范围的标准仪表。

（2）制造成本低。热电偶的结构十分简单，制造极为方便。

（3）使用范围广。除了用来测量各种流体的温度外，热电偶还常用来测量固定表面的温度。热电偶的测温范围为 -270～+2800℃，它还可直接反映平均温度或温差。

（4）动态特性好。由于热电偶的测量端可以制成很小的接点，响应速度快，其时间常数可达 ms（毫秒）级甚至 μm（微秒）级。

热电偶通常分为标准化热电偶和非标准化热电偶两类。

（1）标准化热电偶。

标准化热电偶是指制造工艺比较成熟，应用广泛，能成批生产，性能优良而稳定，并已列入工业标准化元件中的那些热电偶。标准化热电偶具有统一的分度表，同一型号的标准化热电偶具有互换性。1975 年，国际电工委员会（IEC）向世界各国推荐了 7 种标准化热电偶，我国还有自行定型批量生产的热电偶。

（2）非标准化热电偶。

非标准化热电偶是指没有统一分度表的热电偶，虽然在使用范围和数量上均不及标准化热电偶，但在许多特殊工况下，如高温、低温、超低温、高真空和有核辐射以及某些在线测试等，这些热电偶具有某些特别良好的性能，能发挥重要作用。

2）逻辑输出式温度传感器。

逻辑输出式温度传感器是一种根据温度限值提供开、关信号的温度传感器。在不需要严格测量温度值，只关心温度是否超出了一个设定范围的应用场合，一旦温度超出所规定的范围，则发出报警信号，启动或关闭风扇、空调、加热器或其他控制设备，此时就可选用逻辑输出式温度传感器，典型产品有 LM56、MAX6509 芯片。某些增强型集成温度控制器（例如 TC652/653）中还包含了 A/D 转换器以及固化好的程序，这与智能温度传感器有某些相似之处，但它自成系统，工作时并不受微处理器的控制，这是二者的主要区别。

3）数字式温度传感器。

数字式温度传感器是在 20 世纪 90 年代中期问世的。它是微电子技术、计算机技术和自动测试技术（ATE）的结晶。目前，国际上已开发出多种数字式智能温度传感器系列产品。数字式温度传感器内部都包含温度传感器、A/D 转换器、信号处理器、存储器（或寄存器）和接口电路。有的产品还带多路选择器、中央控制器（CPU）、随机存取存储器（RAM）和只读存储器（ROM）。其特点是能输出与温度值对应的数字编码及相关的温度控制量，可直接与各种微控制器（MCU）连接；并且它是在硬件的基础上通过软件来实现温度测试功能的，其智能化程度取决于软件的开发水平。

在此，介绍在测温领域应用得十分普遍的数字式温度传感器——DS18B20。该传感器十分常用，其输出的是数字信号，具有体积小、硬件开销低、抗干扰能力强、精度高等特点。它接线十分方便，封装后可应用于多种场合，如管道式、螺纹式、磁铁吸附式、不锈钢封装式，型号多种多样，有 LTM8877、LTM8874 等。主要根据应用场合的不同而改变其外观。封装后的 DS18B20 可用于电缆沟测温、高炉水循环测温、锅炉测温、机房测温、农业大棚测温、洁净室测温、弹药库测温等各种非极限温度场合。它耐磨耐碰，体积小，使用方便，封装形式多样，适用于各种狭小空间设备数字测温和控制领域。

DS18B20 拥有高温度系数晶振，随温度变化其振荡率明显改变，所产生的信号作为计数器 2 的脉冲输入。计数器 1 和温度寄存器被预置在 − 55℃ 所对应的一个基数值。计数器 1 对低温度系数晶振产生的脉冲信号进行减法计数，当计数器 1 的预置值减到 0 时，温度寄存器的值将加 1，计数器 1 的预置将重新被装入，计数器 1 重新开始对低温度系数晶振产生的脉冲信号进行计数，如此循环直到计数器 2 计数到 0 时，停止温度寄存器值的累加，此时温度寄存器中的数值即为所测温度。DS18B20 的实物图及原理图如图 3 − 43 所示。

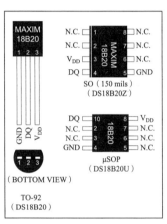

图 3 − 43　DS18B20 温度传感器

3. 其他类型的敏感元件

（1）气敏传感器。

气敏传感器（见图 3 − 44）又称气体传感器，是指能将被测气体浓度转换为与其成一定比例关系的电量输出的装置或器件。由于气体种类繁多，性质各不相同，不可能采用一种传感器来检测所有类别的气体。因此，人们希望有更多能实现气 − 电转换的传感器问世并得到使用。

在各类气敏传感器中，用得最多的是半导体气敏传感器。它们主要用于工业和生活中各种易燃、易爆、有毒、有害气体的监测、预报和自动控制，是安全生产和大气环境保护不可缺少的检测器件[285]。

图 3 − 44　常见气敏传感器

（2）湿敏传感器。

湿敏传感器（见图 3 – 45）是指能将湿度转换为与其成一定比例关系的电量输出的器件或装置。湿敏传感器依据使用的敏感材料可分为：电解质型、陶瓷型、高分子型、单晶半导体型等多种。其中，电解质型湿敏传感器（如氯化锂湿敏电阻）是在绝缘基板上制作一对电极，涂上氯化锂盐胶膜；陶瓷型湿敏传感器一般以金属氧化物为原料，通过陶瓷工艺，制成一种多孔陶瓷，利用多孔陶瓷的阻值对空气中水蒸气的敏感特性而制成，如 $MgCr_2O – T_3O_2$ 半导体陶瓷湿敏元件；高分子型湿敏传感器先在玻璃等绝缘基板上蒸发梳状电极，通过浸渍或涂覆，在基板上附着一层有机高分子感湿膜。有机高分子的材料种类有很多，工作原理各不相同，如电阻式高

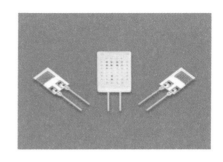

图 3 – 45　常见湿敏传感器

分子膜湿度传感器、聚苯乙烯磺酸锂湿度传感器就属此类；单晶半导体型湿敏传感器所用材料主要是硅单晶，利用半导体工艺制成，其典型代表有二极管湿敏器件和 MOSFET 湿度敏感器件等，其特点是易于和半导体电路集成在一起。

第 4 章
快把我制作出来吧

　　仿生机器人的研究目前仍是国内外机器人研究领域中的热点与难点，其研究内容十分丰富，影响特别巨大。本书所设计的仿狗机器人将设计的重心放在重教育、重启发、重引导、重参与；易制作、易组装、易控制、易推广等方面，强调的是低成本、低投入；争取的是启智性、互动性、趣味性，力图为广大青少年学生营造一种动脑与动手结合、理论与实践结合、知识与技能结合、继承与创新结合的舞台，让广大青少年学生在这个舞台上展示自己的学习能力和创新能力。由于在前述几章中已经对仿狗机器人的结构设计思路、零件加工方法等进行了详细介绍，因此本章将重点讲述仿狗机器人的加工与装配过程。

4.1　组装我的四肢

4.1.1　仿狗机器人零件的加工

1. 生成二维切割图纸
　　人们可以采用激光切割机作为仿狗机器人相关结构零件的加工设备，激光切割机可以高效、可靠地加工 ABS 工程塑料或亚克力板材。但在加工仿狗机器人相关零件之前，还需要先将三维设计模型转为可用于激光切割加工的二维图纸。为此，可依照下述步骤进行。

（1）新建工程图文件。

在 SOLIDWORKS 软件中选择新建文件，单击工程图按钮，创建工程图，如图 4 - 1 所示。

图 4 - 1　新建工程图

（2）插入模型。

然后选择插入模型，如图 4 - 2 所示。

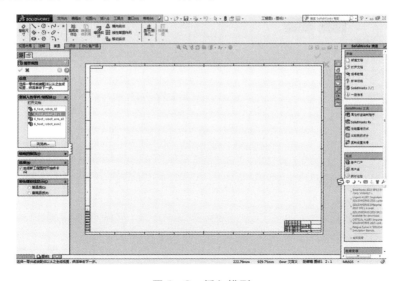

图 4 - 2　插入模型

（3）设置投影视图和视图比例。

在软件界面中设置投影视图和视图比例，如图 4 – 3 所示。

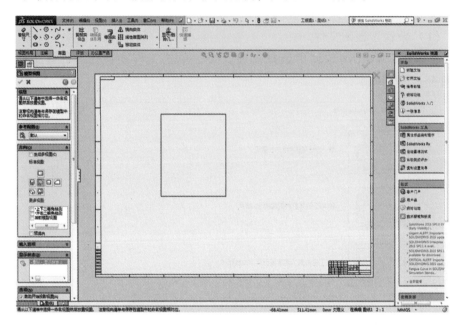

图 4 – 3　设置投影视图、视图比例

（4）生成 AutoCAD 默认的 . dwg 格式图纸。

在软件中选定文件，并将其另存为 dwg 格式（. dwg），如图 4 – 4 所示。

图 4 – 4　生成 . dwg 格式

上述步骤完成之后，即可进行仿狗机器人激光切割加工图纸的生成，具体可依照下述步骤实施。

①排版与布局。

用 AutoCAD 打开先前生成的 .dwg 格式图纸，在 AutoCAD 中，对各个零件进行排版和布局，主要根据购买的 ABS 板或亚克力板的尺寸进行布局，图 4 − 5 是以幅面为 600×200（mm×mm）的 ABS 板进行的零件排版情况。在排版时如果版面空间足够的话，应该考虑多加工一些常用零件或易损坏的零件，以供备用。

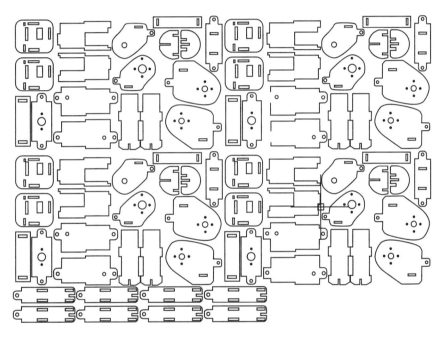

图 4 − 5 排版布局效果图

②生成激光切割机默认的 .dxf 格式图纸。

在 AutoCAD 中，将上述处理过的仿狗机器人加工图形文件另存为 AutoCAD 2004/LT2004 DXF（∗.dxf）备用，如图 4 − 6 所示。

2. 零件的切割加工

完成了可供激光切割加工使用的仿狗机器人零件工程图纸的制备工作以后，便可进行机器人相关零件的切割，主要操作均在激光切割机控制电脑中完成。由于激光切割机工作时大功率的激光光束具有一定的危险性，必须高度注意防护问题，确保人身安全。由于加工过程中可能产生较多的烟尘，请注意通风换气，保持室内空气清新。操作时请按以下步骤展开：

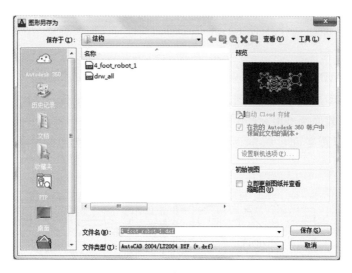

图 4 - 6　生成 . dxf 格式

（1）打开激光切割软件。

激光切割软件主界面如图 4 - 7 所示。

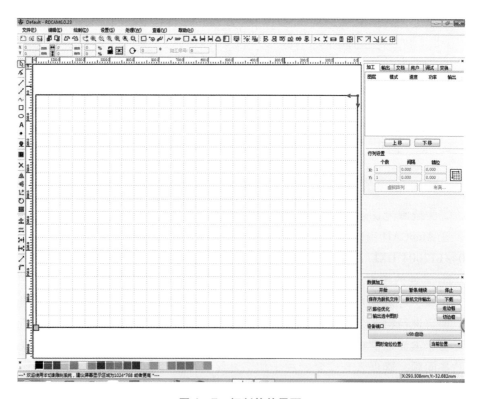

图 4 - 7　切割软件界面

（2）导入图纸。

将切割文件导入软件，选择并导入先前备好的 .dxf 格式图纸，如图 4 - 8 所示。

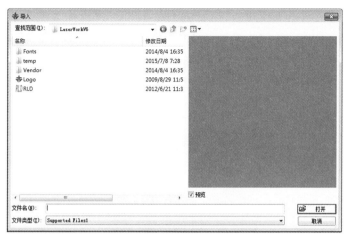

图 4 - 8　导入 dxf 图纸

（3）设置切割参数。

双击图层参数，设置速度、加工方式、激光功率，如图 4 - 9 所示。

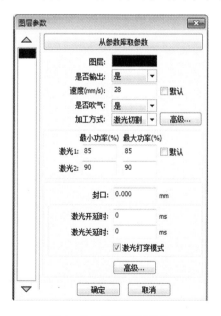

图 4 - 9　设置切割参数

完成上述步骤后即可单击开始加工按钮，操作激光切割机进行仿狗机器人相关零件的切割加工。

4.1.2 仿狗机器人单腿的组装

完成了仿狗机器人相关零件的切割加工之后，即可进行该机器人的结构装配工作。可按照机器人单腿、四腿、躯体、头部、尾巴的顺序完成全部装配工作。其中组装机器人单腿所需零件如图4－10所示。单腿组装是仿狗机器人装配环节中十分重要的一环，也是比较复杂的一环，完成了单腿组装后，余下的装配工作变得较为简单。因而下面将重点介绍单腿各部分组装的方法和步骤。

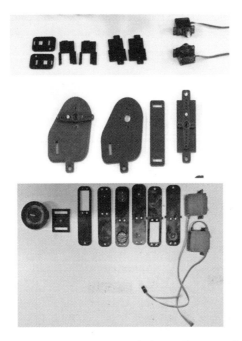

图4－10 仿狗机器人单腿组装所需零件

1. 仿狗机器人大腿关节的装配

仿狗机器人大腿关节的安装较为复杂，须理清头绪，排好步骤，再行实施。具体步骤如下：

（1）首先从图4－10所示零件中选择出组装机器人大腿关节所需用到的零件，包括两个舵机，并将它们摆放整齐，如图4－11所示。

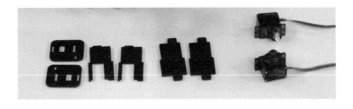

图4－11 组装大腿关节对应的零件与舵机

（2）然后取出右边紧靠舵机摆放的两个零件，再将图 4 – 12 左边所示的小螺钉从此零件底面向上穿过通孔，并使用图 4 – 12 右边所示的长螺母从上面与穿孔而过的小螺钉拧紧。其他形状相同的零件照此安装，完成后的效果如图 4 – 13 所示。

小螺丝　　　　　　　　　　　　　　　　　　　　长螺母

图 4 – 12　大腿关节安装步骤一

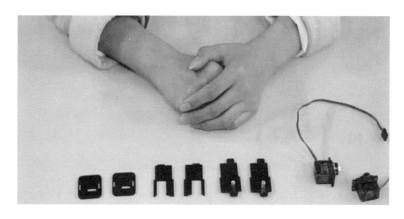

图 4 – 13　长螺母安装效果图

（3）此时取出图 4 – 13 中最左侧的零件和一个舵机，按照图 4 – 14 中左图所示方向将舵机导线从零件中间的孔中穿出，然后将舵机输出轴朝向零件，并将翼板固定在对应孔中，即可将舵机固定（见图 4 – 14 右图）。另一个零件与另一个舵机依照相同方法进行安装。

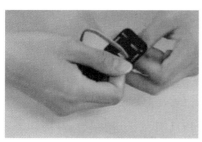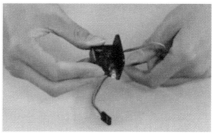

图 4 – 14　大腿关节安装步骤二

（4）取出图 4 - 13 所示中间的两个零件，将其安装在上一步骤中装配成型的舵机固定板上（见图 4 - 15），注意安装方向，这两个零件最终应架在舵机固定板两侧，如图 4 - 16 所示。

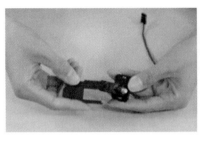

图 4 - 15　大腿关节安装步骤三

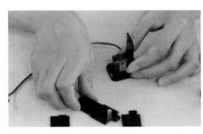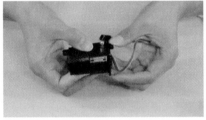

图 4 - 16　大腿关节安装步骤四

（5）取在安装步骤一中完成的组件，然后将其安装在安装步骤四中完成的组件上，此时应当注意安装方向，须保证与安装在舵机上的零件投影面基本重合，其安装情形如图 4 - 17 所示。

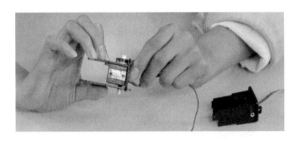

图 4 - 17　大腿关节安装步骤五

（6）另一个零件采用相同的方法安装，其情形亦如图 4 - 17 所示。

（7）将经上述步骤组装好的两个相同组件对向拼插安装，方法如图 4 - 18 所示。注意安装方向，两舵机紧贴安装，至此，大腿关节的安装工作即告完成。最终的安装效果如图 4 - 19 所示。

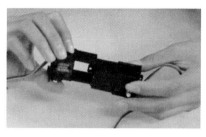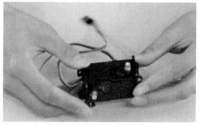

图 4 – 18　大腿关节安装步骤六

图 4 – 19　大腿关节最终安装效果

2. 仿狗机器人髋关节的装配

髋关节在仿狗机器人的结构系统中占有重要位置，其安装正确与否和稳当与否极为关键。如果安装不妥，将直接影响仿狗机器人的行动效果。所以要严格遵照以下安装步骤进行相关组装工作。

（1）首先从图 4 – 5 所示零件布局板（已切割好的）上选中并拆出髋关节组装所需的零件，再从舵机附件袋中取出两个十字舵盘，然后按图 4 – 20 所示方向采用自攻螺钉将舵盘安装在相应零件上，其情形如图 4 – 21 所示。

自攻螺钉自攻螺钉

图 4 – 20　髋关节安装步骤一

（2）在图 4 – 21 所示四个零件中，首先选取左侧第一、二个零件，将其安装到右侧第一个零件上，其情形如图 4 – 22 所示。安装时须注意舵盘连接舵机轴一端的朝向，髋关节与机器人躯体连接件的舵盘朝向组合件的外侧，髋关节

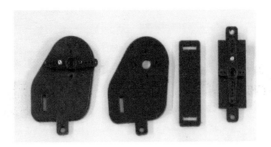

图 4 -21　十字码盘安装效果图

与大腿关节连接件的舵盘朝向组合件的内侧。然后将剩余的一个零件安装固定在组合件的上方，如此即完成髋关节的装配，安装结果如图 4 - 23 所示。

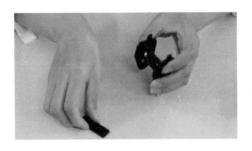

图 4 -22　髋关节安装步骤二

图 4 -23　髋关节组件安装效果

3. 仿狗机器人小腿关节的装配

仿狗机器人的小腿关节是与地面接触的组件，其安装要求比较严格，因为其安装效果直接影响机器人的行走性能，应当严格按照安装要求和步骤开展工作。具体装配方法与步骤如下：

（1）首先从图 4 -5 所示零件布局板（已切割好的）上选中并拆出小腿关节组装所需的零件，并将它们摆放整齐，如图 4 -24 所示。

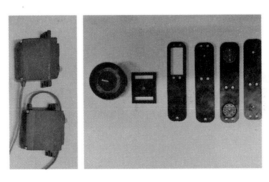

图 4 -24　小腿关节对应的零件

（2）然后从图 4 -24 所示零件中选取两块长方形零件和一个舵机，还有若干铜柱和螺母，拼插成如图 4 – 25 所示的小腿零件。

（3）将图 4 – 24 中其余的两个长方体通过铜柱及螺钉连接对应的孔位，其情形如图 4 – 26 所示。

图 4 – 25　小腿关节安装步骤一

图 4 – 26　小腿关节安装步骤二

（4）这时可用已经组装好的零件（见图 4 – 27，把图 4 – 27 左图与右图所示两部分进行组装）和其余零件一起拼接好小腿与地面接触的部位。组装结果如图 4 – 28 所示。

图 4 – 27　小腿关节与大腿关节连接零件

（5）将安装步骤二完成结果与安装步骤三完成结果合并组装，最终完成仿狗机器人小腿关节的装配工作，其结果如图 4 – 29 所示。

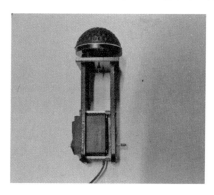
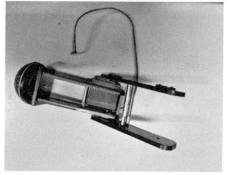

图 4 – 28　小腿关节安装步骤三　　图 4 – 29　仿狗机器人小腿关节的最终安装效果

4. 仿狗机器人单腿的组装

将之前装配好的髋关节组件、大腿关节组件与小腿关节组件整理完毕，按图4-30所示方法连接成一条单腿，连接时尤其需要注意舵盘与舵机输出轴上的齿轮箱啮合情况，另一端的铜柱则穿入连接孔中。这里需要提醒的是，仿狗机器人的四条腿是两两成组的，左前腿与左后腿为一组，右前腿与右后腿为一组，同组腿完全相同，异组腿互为镜像，在安装各个零件时请务必注意镜像关系，不要弄错。

图4-30 仿狗机器人单腿的组装

4.2 组装我的躯干

仿狗机器人的头部与身体均为简单拼插件，组装起来比较容易。从已经切割好的零件板上取下对应的零件（见图4-31），将舵机安装在相应的孔位上，尾巴安装在机身后部的孔位上，组装完成的头部及身体如图4-32所示。

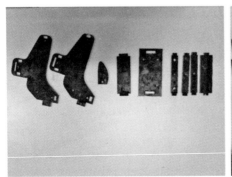

图4-31 仿狗机器人头部与躯体组装所需零件

图 4 – 32　仿狗机器人头部和躯干的组装效果

4.3　拼到一起看一看

　　组装好四足机器人各部分组件后就可以开始机器人整体的装配了。图 4 – 33 展示的是仿狗机器人整体装配所需的全部零部件。

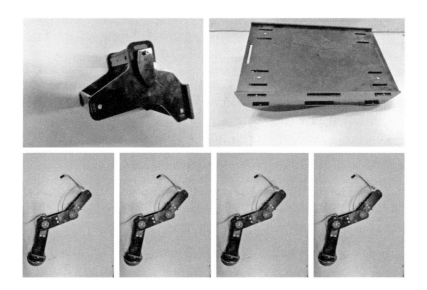

图 4 – 33　仿狗机器人整体装配所需全部组件

　　（1）首先将仿狗机器人四肢与躯干部分连接，为此可将髋关节组件的舵盘与躯干部分的舵机输出轴连接起来，使之实现齿轮的顺畅啮合，这表明安装到位。四条腿的安装方法相同，但应当注意方向，以免弄错。

　　（2）仿狗机器人头部的安装方法与腿和躯干的安装方法基本相同，主要是注意连接以后应保证舵机齿轮的顺畅啮合。安装完成并调好初始零状态后可以

将舵机与舵盘使用螺钉进行固定

至此，仿狗机器人的结构装配工作全部完成。将舵机与机器人主控制板（见图4-34）对应接口及电池连接好后，即可进入机器人的调试与编程环节（如图4-35所示），需说明的是，控制器及电池应安放到仿狗机器人底部和躯干的夹层中（腹部）。

图4-34　机器人主控制板和电池

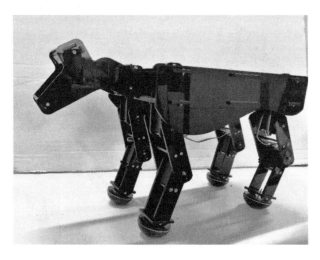

图4-35　已安装调试电路的仿狗机器人

第 5 章

请你教我思考

　　控制系统是指由控制主体、控制客体等组成的具有自身目标和功能的管理系统。控制系统还是为了使被控对象达到预定的理想状态而工作的。控制系统可以使被控对象趋于某种需要的稳定状态。时至今日，控制系统已被广泛应用于人类社会的各个领域，例如在工业方面，对于冶金、化工、机械制造等生产过程中遇到的各种物理量，包括温度、流量、压力、厚度、张力、速度、位置、频率、相位等，都有相应的控制系统[286]。在此基础上，人们还通过采用计算机技术建立起了控制性能更好和自动化程度更高的数字控制系统，以及具有控制与管理双重功能的过程控制系统。具体到仿狗机器人的控制方面，当机器人控制系统接收到控制信号之后，会利用控制系统输出脉宽调制信号（PWM 信号），控制机器人各关节舵机的转角，进而控制机器人使之产生协调运动。为了能让仿狗机器人按需实现自如运动，本章将对机器人的控制系统进行分析与叙述，并对单片机等控制芯片的工作原理进行介绍。

5.1 我大脑的运行原理

机器人的控制系统是机器人的重要组成部分，其作用就相当于人的大脑，它负责接收外界的信息与命令，并据此形成控制指令，控制机器人做出反应[287]。对于机器人来说，控制系统包含对机器人本体工作过程进行控制的控制器、机器人专用的传感器，以及机器人运动伺服驱动系统等。

5.1.1 机器人控制系统的基本组成

机器人控制系统主要由控制器、执行器、被控对象和检测变送单元等四个部分组成。各部分的功能如下：

（1）控制器用于将检测变送单元的输出信号与设定值信号进行比较，按一定的控制规律对其偏差信号进行运算，并将运算结果输出到执行器。控制器可以用来模拟仪表的控制器，或用来模拟由微处理器组成的数字控制器。仿狗机器人的控制器就是选用数字控制器式的单片机进行控制的。

（2）执行器是控制系统环路中的最终元件，它直接用于操纵变量变化[288]。执行器接收控制器的输出信号，改变操纵变量。执行器可以是气动薄膜控制阀、带电气阀门定位器的电动控制阀，也可以是变频调速电机等。在本书所描述的仿狗机器人身上选用了较为高级的芯片，其输出的 PWM 信号可以直接控制舵机转动，故本控制系统的执行器内嵌在控制器中了。

（3）被控对象是需要进行控制的设备，在仿狗机器人中，被控对象就是机器人各关节的舵机。

（4）检测变送单元用于检测被控变量，并将检测到的信号转换为标准信号输出。例如仿狗机器人控制系统中，检测变送单元用来检测舵机转动的角度，以便做出适时调整。

上述四部分的关系参见图 5 - 1。

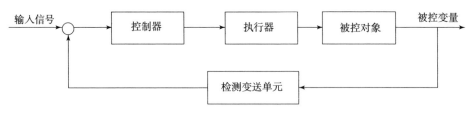

图 5 - 1　控制系统组成示意图

5.1.2 机器人控制系统的工作机理

机器人控制系统的工作机理决定了机器人的控制方式，也就是决定了机器人将通过何种方式进行运动[289]。常见的控制方式有以下五种。

1. 点位式

这种控制方式适合于要求机器人能够准确控制末端执行器位姿的应用场合，与路径无关。主要应用实例有焊接机器人。对于焊接机器人来说，只需其控制系统能够识别末端焊缝即可，而不需关心机器人的其他位姿。

2. 轨迹式

这种控制方式要求机器人按示教的轨迹和速度进行运动。主要用于示教机器人。

3. 程序控制系统

这种控制系统给机器人的每一个自由度施加一定规律的控制作用，机器人就可实现要求的空间轨迹。这种控制系统较为常用，仿狗机器人的控制系统就是通过预先编程，然后将编好的程序下载到单片机上，再通过遥控器调取程序进行控制的。

4. 自适应控制系统

当外界条件变化时，为了保证机器人所要求的控制品质，或为了随着经验的积累而自行改善机器人的控制品质，就可采用自适应控制系统[290]。该系统的控制过程是基于操作机的状态和伺服误差的观察，再调整非线性模型的参数，一直到误差消失为止。这种系统的结构和参数能随时间和条件自动改变，且具有一定的智能性。

5. 人工智能控制系统

对于那些事先无法编制运动控制程序，但又要求在机器人运动过程中能够根据所获得的周围状态信息，实时确定机器人的控制作用的应用场合，就可采用人工智能控制系统。这种控制系统比较复杂，主要应用在大型复杂系统的智能决策中。

机器人控制系统的基本原理是：检测被控变量的实际值，将输出量的实际值与给定输入值进行比较得出偏差，然后使用偏差值产生控制调节作用以消除偏差，使得输出量能够维持期望的输出。在本书介绍的仿狗机器人控制系统中，由遥控器发出移动至目标位置的命令，经控制系统后输出 PWM 信号，驱动机器人关节转动，再由检测系统检测关节转角，进行调整。当命令是连续的时，机器人的关节就可持续转动了。

5.1.3 机器人控制系统的主要作用

机器人除了需要具备以上功能外，还需要具备一些其他功能，以方便机器人开展人机交互和读取系统的参数信息。

1. 记忆功能

在仿狗机器人控制系统中，设置有SD卡，可以存储机器人各关节的各种运动信息、位置姿态信息以及控制系统运行信息。

2. 示教功能

机器人控制系统应配有示教装置，如图5-2所示。通过示教，寻找机器人最优的姿态。

3. 与外围设备联系功能

这些联系功能主要通过输入和输出接口、通信接口予以实现。

图5-2　机器人示教系统

4. 传感器接口

机器人传感系统中包含有位置检测传感器、视觉传感器、触觉传感器和力觉传感器，等等。这些传感器随时都在采集机器人的内外部信息，并将其传送到控制系统中，这些工作都需要传感器接口来完成。

5. 位置伺服功能

机器人的多轴联动、运动控制、速度和加速度控制等工作都与机器人位置的伺服功能相关。这些都是在程序中实现的。

6. 故障诊断安全保护功能

机器人的控制系统时时刻刻监视着机器人的运行状态，并完成故障状态下的安全保护。本系统在程序中时刻检测着机器人的运行状态，一旦机器人发生故障，就停止其工作，以保护机器人。

由此可知，机器人控制系统之所以能够完成这么复杂的控制任务，主要归功于控制器，而控制器的核心即是控制芯片，例如单片机、DSP、ARM 等嵌入式控制芯片。

5.2　大脑的神经元——单片机

5.2.1　单片机的工作原理

单片机（Microcontroller）是一种集成电路芯片，是采用超大规模集成电路技术把具有数据处理能力的中央处理器 CPU、随机存储器 RAM、只读存储器

ROM、多种 I/O 口和中断系统、定时器/计数器等功能（可能还包括显示驱动电路、脉宽调制电路、模拟多路转换器、A/D 转换器等电路）集成到一块硅片上构成一个小巧而完善的微型计算机系统，在控制领域应用十分广泛[291]。

单片机自动完成赋予其任务的过程就是单片机执行程序的过程，即执行具体一条条指令的过程[292]。所谓指令就是把要求单片机执行的各种操作用命令的形式写下来，这是在设计人员赋予它的指令系统时所决定的。一条指令对应着一种基本操作。单片机所能执行的全部指令就是该单片机的指令系统。不同种类的单片机其指令系统亦不同。为了使单片机能够自动完成某一特定任务，必须把要解决的问题编成一系列指令（这些指令必须是单片机能够识别和执行的指令），这一系列指令的集合就称为程序。程序需要预先存放在具有存储功能的部件——存储器中[293]。存储器由许多存储单元（最小的存储单位）组成，就像摩天大楼是由许多房间组成一样，指令就存放在这些单元里。众所周知，摩天大楼的每个房间都被分配了唯一的房号，同样，存储器的每一个存储单元也必须被分配唯一的地址号，该地址号称为存储单元的地址。只要知道了存储单元的地址，就可以找到这个存储单元，其中存储的指令就可以十分方便地被取出，然后再被执行。程序通常是按顺序执行的，所以程序中的指令也是一条条顺序存放的[294]。单片机在执行程序时要能把这些指令一条条取出并加以执行，必须有一个部件能追踪指令所在的地址，这一部件就是程序计数器 PC（包含在 CPU 中）。在开始执行程序时，给 PC 赋以程序中第一条指令所在的地址，然后取得每一条要执行的命令，PC 中的内容就会自动增加，增加量由本条指令长度决定，可能是 1、2 或 3，以指向下一条指令的起始地址，保证指令能够顺序执行。

5.2.2 单片机系统与计算机的区别

将微处理器（CPU）、存储器、I/O 接口电路和相应的实时控制器件集成在一块芯片上所形成的系统称为单片微型计算机，简称单片机[295]。单片机在一块芯片上集成了 ROM、RAM、FLASH 存储器，外部只需要加电源、复位、时钟电路，就可以成为一个简单的系统。其与计算机的主要区别在于：

（1）PC 机的 CPU 主要面向数据处理，其发展途径主要围绕数据处理功能、计算速度和精度的进一步提高而展开。单片机主要面向控制，控制中的数据类型及数据处理相对简单，所以单片机的数据处理功能比通用微机相对要弱一些，计算速度和精度也相对要低一些。

（2）PC 中存储器组织结构主要针对增大存储容量和 CPU 对数据的存取速度。单片机中存储器的组织结构比较简单，存储器芯片直接挂接在单片机的总线上，CPU 对存储器的读写按直接物理地址来寻址存储器单元，存储器的寻址空间一般都为 64KB。

（3）通用微机中 I/O 接口主要考虑标准外设，如 CRT、标准键盘、鼠标、打印机、硬盘、光盘等。单片机的 I/O 接口实际上是向用户提供的与外设连接的物理界面，用户对外设的连接要设计具体的接口电路，需有熟练的接口电路设计技术。

简单而言，单片机就是一个集成芯片外加辅助电路构成的一个系统。由微型计算机配以相应的外围设备（如打印机）及其他专用电路、电源、面板、机架以及足够的软件就可构成计算机系统。

5.2.3 单片机的驱动外设

单片机的驱动外设一般包括串口控制模块、SPI 模块、I^2C 模块、A/D 模块、PWM 模块、CAN 模块、EEPROM 和比较器模块，等等，它们都集成在单片机内部，有相对应的内部控制寄存器，可通过单片机指令直接控制[296]。有了上述功能，控制器就可以不依赖复杂编程和外围电路而实现某些功能。

使用数字 I/O 端口可以进行跑马灯实验，通过将单片机的 I/O 引脚位进行置位或清零，可用来点亮或关闭 LED 灯；串口接口的使用是非常重要的，通过这个接口，可以使单片机与 PC 机之间交换信息；使用串口接口也有助于掌握目前最为常用的通信协议；也可以通过 PC 机的串口调试软件来监视单片机实验板的数据；利用 I^2C、SPI 通信接口进行扩展外设是最常用的方法，也是非常重要的方法，这两个通信接口都是串行通信接口，典型的基础实验就是 I^2C 的 EEPROM 实验与 SPI 的 SD 卡读写实验；单片机目前基本都自带多通道 A/D 模数转换器，通过这些 A/D 转换器可以利用单片机获取模拟量，用于检测电压、电流等信号。使用者要分清模拟地与数字地、参考电压、采样时间、转换速率、转换误差等重要概念。目前主流的通信协议包括：USB 协议，下位机与上位机高速通信接口；TCP/IP，万能的互联网使用的通信协议；工业总线，诸如 Modbus，CANOpen 等各个工业控制模块之间通信的协议。

5.2.4 单片机的编程语言

如前所述，为了使单片机能够自动完成某一特定任务，必须把要解决的问题编成一系列指令，这一系列指令的集合就是程序。好的程序可以提高单片机的工作效率。单片机使用的程序是用专门的编程语言编制的，常用的编程语言有机器语言、汇编语言和高级语言。

1. 机器语言

单片机是一种大规模的数字集成电路，它只能识别 0 和 1 这样的二进制代码。以前在单片机开发过程中，人们用二进制代码编写程序，然后再把所编写的二进制代码程序写入单片机，单片机执行这些代码程序就可以完成相应的程序任务。

用二进制代码编写的程序称为机器语言程序。在用机器语言编程时，不同的指令用不同的二进制代码代表，这种二进制代码构成的指令就是机器指令。在用机器语言编写程序时，由于需要记住大量的二进制代码指令以及这些代码代表的功能，十分不便且容易出错，现在已经很少有人采用机器语言对单片机进行编程了。

2. 汇编语言

由于机器语言编程极为不便，人们便用一些富有意义且容易记忆的符号来表示不同的二进制代码指令，这些符号称为助记符[270]。用助记符表示的指令称为汇编语言指令，用助记符编写出来的程序称为汇编语言程序，例如下面两行程序的功能是一样的，都是将二进制数据00000010送到累加器 A 中，但它们的书写形式不同：

01110100 00000010（机器语言）

MOV A，#02H（汇编语言）

从上可以看出，机器语言程序要比汇编语言难写，并且很容易出错。

单片机只能识别机器语言，所以汇编语言程序要翻译成机器语言程序，再写入单片机中。一般都是用汇编软件自动将汇编语言翻译成机器指令。

3. 高级语言

高级语言是依据数学语言设计的，在用高级语言编程时不用过多的考虑单片机的内部结构。与汇编语言相比，高级语言易学易懂，而且通用性很强，因此得到人们的喜爱与重视。高级语言的种类很多，如：B 语言、Pascal 语言、C 语言和 JAVA 语言等。单片机常用 C 语言作为高级编程语言。

单片机不能直接识别高级语言书写的程序，因此也需要用编译器将高级语言程序翻译成机器语言程序后再写入单片机。

在上面三种编程语言中，高级语言编程较为方便，但实现相同的功能，汇编语言代码较少，运行效率较高。另外对于初学单片机的人员，学习汇编语言编程有利于更好地理解单片机的结构与原理，也能为以后学习高级语言编程打下扎实的基础。

5.3 大脑的左半球——DSP 控制技术

5.3.1 DSP 简介

数字信号处理器（Digital Signal Processor，DSP，见图 5-3）是一种独特的

微处理器,它采用数字信号来处理大量信息[298]。工作时,它先将接收到的模拟信号转换为 0 或 1 的数字信号,再对数字信号进行修改、删除、强化,并在其他系统芯片中把数字数据解译回模拟数据或实际环境格式。DSP 不仅具有可编程性,而且其实时运行速度极快,可达每秒数以千万条复杂指令程序,远远超过通用微处理器的运行速度,是数字化电子世界中重要性日益增加的电脑芯片。强大的数据处理能力和超高的运行速度是其最值得称道的两大特色。超大规模集成电路工艺和高性能数字信号处理器技术的飞速发展使得机器人技术如虎添翼。

图 5 – 3 DSP 处理器

5.3.2 DSP 的特点

DSP 的内部采用程序和数据分开的哈佛结构,具有专门的硬件乘法器,广泛采用流水线操作模式,提供特殊的 DSP 指令,可以用来快速实现各种数字信号处理算法[299]。根据数字信号处理的相关要求,DSP 芯片一般具有如下特点:

(1) 在一个指令周期内可完成一次乘法和一次加法;

(2) 程序和数据空间分开,可以同时访问指令和数据;

(3) 片内具有快速 RAM,通常可通过独立的数据总线在两块中同时访问;

(4) 具有低开销或无开销循环及跳转的硬件支持;

(5) 具有快速中断处理和硬件 I/O 支持功能;

(6) 具有在单周期内操作的多个硬件地址产生器;

(7) 可以并行执行多个操作;

(8) 支持流水线操作,使取址、译码和执行等操作可以重叠进行。

5.3.3 DSP 的驱动外设

DSP 使用外设的方法与典型的微处理器有所不同,微处理器主要用于控制，而 DSP 则主要用于实时数据的处理[300]。它通过提供采样数据的持续流迅速地从外设移至 DSP 核心实现优化，从而形成了与微处理器在架构方面的差异。

目前，TI（德州仪器）公司出产的 DSP 应用十分广泛，并且随着 DSP 功能越来越强、性能越来越好，其片上外设的种类及应用也日趋复杂。DSP 程序开发包含两方面内容：一是配置、控制、中断等管理 DSP 片内外设和接口的硬件相关程序；二是基于应用的算法程序。在 DSP 这样的系统结构下，应用程序与硬件相关程序结合在一起，限制了程序的可移植性和通用性[301]。但通过建立硬件驱动程序的合理开发模式，可使上述现象得到改善。硬件驱动程序最终以函数库的形式被封装起来，应用程序则无须关心其底层硬件外设的具体操作，只需通过调用底层程序，驱动相关标准的 API 与不同外设接口进行操作即可。

5.3.4　DSP 的编程语言

DSP 本质上是一个非常复杂的单片机，使用机器语言和汇编语言进行编程的难度很大，开发周期也比较漫长，所以一般选用高级语言为 DSP 编程。一般而言，C 语言是人们的首选。为编译 C 代码，芯片公司推出了各自的开发平台以供开发者使用。例如 TI 公司出产的 DSP 采用 CCS 开发平台（图 5 - 4）；ADI 公司出产的 DSP 则采用了 VDSP ++ 开发平台（图 5 - 5）。

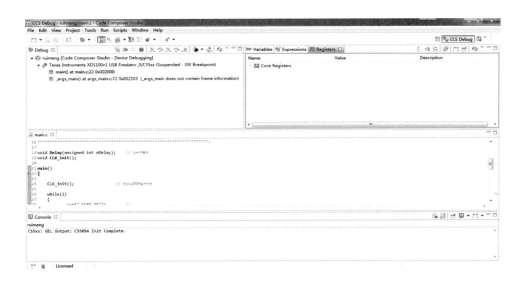

图 5 - 4　CCS 开发平台

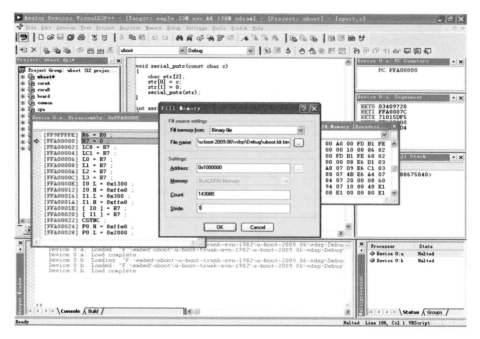

图 5 - 5　VDSP ++ 开发平台

5.4　大脑的右半球——ARM 控制技术

5.4.1　ARM 简介

高级精简指令集机器（Advanced RISC Machine，ARM）是一个 32 位精简指令集（RISC）的处理器架构，广泛用于嵌入式系统设计。ARM 开发板根据其内核可以分为 ARM7、ARM9、ARM11、Cortex - M 系列、Cortex - R 系列、Cortex - A 系列，等等。其中，Cortex 是 ARM 公司出产的最新架构，占据了很大的市场份额。Cortex - M 是面向微处理器用途的，Cortex - R 系列是针对实时系统用途的，Cortex - A 系列是面向尖端的基于虚拟内存的操作系统和用户应用的[302]。由于 ARM 公司只对外提供 ARM 内核，各大厂商在授权付费使用 ARM 内核的基础上研发生产各自的芯片，形成了嵌入式 ARM CPU 的大家庭。提供这些内核芯片的厂商有 Atmel、TI、飞思卡尔、NXP、ST、三星等。本书描述的仿狗机器人使用的是 ST 公司生产的 Cortex - M3 ARM 处理器 STM32F103（图 5 - 6）。

图 5-6　STM32F103

5.4.2　ARM 的特点

ARM 内核采用精简指令集计算机（RISC）体系结构，是一个小门数的计算机，其指令集和相关的译码机制比复杂指令集计算机（CISC）要简单得多，其目标就是设计出一套能在高时钟频率下单周期执行的简单而高效的指令集[303]。RISC 的设计重点在于降低处理器中指令执行部件的硬件复杂度，这是因为软件比硬件更容易提供更大的灵活性和更高的智能水平。因此 ARM 具备了非常典型的 RISC 结构特性：

（1）具有大量的通用寄存器；

（2）通过装载/保存（load - store）结构使用独立的 load 和 store 指令完成数据在寄存器和外部存储器之间的传送，处理器只处理寄存器中的数据，从而避免多次访问存储器[304]；

（3）寻址方式非常简单，所有装载/保存的地址都只由寄存器内容和指令域决定；

（4）使用统一和固定长度的指令格式。

这些在基本 RISC 结构上增强的特性使 ARM 处理器在高性能、低代码规模、低功耗和小的硅片尺寸方面取得良好的平衡。

5.4.3　ARM 的驱动外设

ARM 公司只设计内核，将设计的内核卖给芯片厂商，芯片厂商在内核外自行添加外设。本节重点分析 STM32 的外设。

STM32 是一个性价比很高的处理器，具有丰富的外设资源。它的存储器片上集成着 32～512KB 的 Flash 存储器、6～64KB 的 SRAM 存储器，足够一般小型系统的使用；还集成着 12 通道的 DMA 控制器，以及 DMA 支持的外设；片上集成的定时器中包含 ADC、DAC、SPI、IIC 和 UART；此外，它还集成着 2 通道 12 位 D/A 转换器，这是属于 STM32F103xC、STM32F103xD 和 STM32F103xE 所独有的；最多可达 11 个定时器，其中有 4 个 16 位定时器，每个定时器有 4 个

IC/OC/PWM 或者脉冲计数器，2 个 16 位的 6 通道高级控制定时器，最多 6 个通道可用于 PWM 输出；2 个 16 位基本定时器用于驱动 DAC；支持多种通信协议：2 个 IIC 接口、5 个 USART 接口、3 个 SPI 接口，两个和 IIS 复用、CAN 接口、USB 2.0 全速接口[305]。

5.4.4 ARM 的编程语言

ARM 的体系架构采用第三方 Keil 公司 μVision 的开发工具（目前已被 ARM 公司收购，发展为 MDK – ARM 软件），用 C 语言作为开发语言，利用 GNU 的 ARM – ELF – GCC 等工具作为编译器及链接器，易学易用，它的调试仿真工具也是 Keil 公司开发的 Jlink 仿真器[306]。Keil 的工作界面如图 5 – 7 所示。

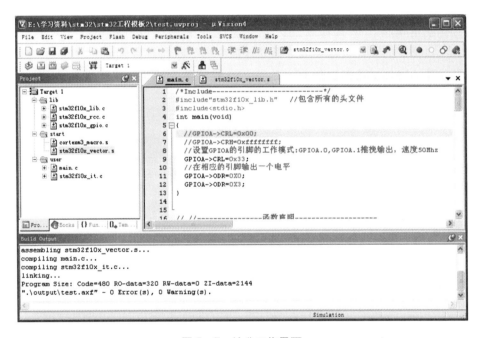

图 5 – 7　Keil 工作界面

5.5　调整姿态，让我动起来

在 Keil5 中对仿狗机器人的各项功能及动作编译好后，就可以让机器人动起来了。但程序写好之后，不一定一次就能实现预期的控制效果及运动功能，所以还要进行相关的调试。在软件中单击那个像放大镜一样的按钮，如图 5 – 8

所示，随后就会出现如图 5 - 9 那样的界面，在此界面中进行机器人动作的调试，并找到所有程序的错误，调好之后，仿狗机器人就可以按照正确的动作动起来了！

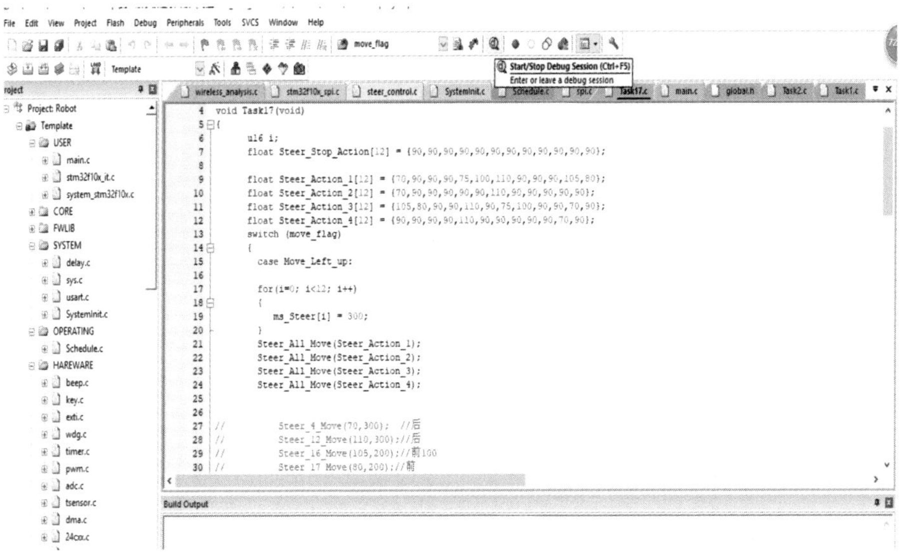

图 5 - 8 Keil 编程界面

图 5 - 9 Keil 调试界面

现在仿狗机器人可以实现向前行走或向后后退，其情形如图 5 - 10 所示。

图 5 - 10　仿狗机器人运动图

参 考 文 献

［1］刘晓荻．古人的空中活动［J］．科学之友：上，2006（6）：22 - 23.

［2］陈立彬．动态未知环境下移动机器人路径规划方法研究［D］.哈尔滨：哈尔滨理工大学，2007.

［3］刘正生．中国古代各种机器人［J］.发明与创新：学生版，2008（5）：4 - 5.

［4］杨淑凤，张元元．物理学与人类文明进步［J］.成人教育，2010，30（6）：75 - 76.

［5］魏晓文．中国工业4.0，机器人来了……［J］.科技创新与品牌，2015（12）：10 - 13.

［6］董静．你应该知道的机器人发展史［J］.机器人产业，2015（1）：108 - 114.

［7］徐鲁旭．基于ARM + DSP的机器人控制系统设计［D］.北京：北京邮电大学，2010.

［8］高小红，裴忠诚．飞速发展的机器人技术［J］.呼伦贝尔学院学报，2004（6）：81 - 83.

［9］顾水恒，常红．机器人现状与前景分析［J］.现代商贸工业，2010，22（8）：327 - 328.

［10］佚名．未来机器人或取代人类智能？［J］.中国科技纵横，2009（7）.

［11］刘建华．六自由度串联机器人运动仿真研究［D］.秦皇岛：燕山大学，2008.

［12］马得朝．手机生产线智能定位与搬运装置设计与仿真［D］.郑州：华北

水利水电大学，2014.

［13］伞晓辉．计算机科学教育史研究［D］．长春：东北师范大学，2009.

［14］佚名．三极管的发明、原理、分类、参数及检测［EB/OL］．http：//www.
360doc. cn/article/1437142_461254843. html. 2015.

［15］佚名．机器人发展简史［J］．机械工程师，2008（7）：18－19.

［16］赵亮．基于SIFT快速算法的单目立体视觉应用研究［D］．阜新：辽宁工
程技术大学，2010.

［17］张强．单片机教学演示用机器人的研制［D］．北京：北京工业大学，
2007.

［18］赵海虹，杰弗里·兰蒂斯．火星探索：现在与未来［J］．中学生天地：
初中综合版（A版），2003（2）：48－53.

［19］王鑫．基于双目视觉的移动机械臂物体抓取控制［D］．重庆：重庆大
学，2017.

［20］禹超．双臂强耦合系统的运动规划与控制的研究［D］．哈尔滨：哈尔滨
工业大学，2012.

［21］高荣伟．机器人的昨天、今天与明天［J］．世界文化，2015（9）．

［22］比尔－盖茨：未来家家都有机器人/科学家预测微型机器人将直接进人体
［J］．机器人技术与应用，2007（1）．

［23］任志刚．工业机器人的发展现状及发展趋势［J］．装备制造技术，2015
（3）：166－168.

［24］王宁．基于嵌入式系统的开放式教育机器人控制器［D］．郑州：郑州大
学，2007.

［25］张卫荣．M－10iA型FANUC机器人控制系统研究与应用［D］．合肥：合
肥工业大学，2012.

［26］李娜．考虑非连续性因素的机器人鲁棒控制［D］．秦皇岛：燕山大学，
2007.

［27］田保珍．形态仿生设计方法研究［D］．西安：西安工程大学，2007.

［28］姜晓童，张扬，周小儒．浅析生物形态在座椅仿生设计中的应用［J］．
设计，2015，第9期：22－23.

［29］闫禹萌．科幻电影中人机关系认知的两极化研究［D］．沈阳：沈阳师范
大学，2018.

［30］张金泳．基于FIS和DSP的足球机器人控制系统的研究［D］．成都：西
华大学，2010.

［31］张勇．《机械公敌》：生态视野中的智能时代［J］．世界电影，2004
（6）：184－187.

［32］郭帅．基于混合地图表示的 SLAM 算法研究［D］．北京：中国科学院研究生院，2012.

［33］马光，申桂英．工业机器人的现状及发展趋势［J］．组合机床与自动化加工技术，2002（3）：48－51.

［34］熊有伦．机器人技术基础［M］．北京：机械工业出版社，1996.

［35］李林雷．基于弹性带理论的机器人路径规划算法研究［D］．西安：西安电子科技大学，2013.

［36］程国秀．基于六自由度机械臂的避障路径规划研究［D］．沈阳：东北大学，2012.

［37］汪伟．基于视觉的移动机械臂智能作业系统［D］．广州：华南理工大学，2007.

［38］马江．六自由度机械臂控制系统设计与运动学仿真［D］．北京：北京工业大学，2009.

［39］颉栋．浅析焊接机器人的选用［J］．城市建设理论研究：电子版，2013（16）．

［40］周正强．可调式机械手结构设计与分析［D］．镇江：江苏大学，2011.

［41］张烈霞．工业机器人运动及仿真研究［D］．西安：西北工业大学，2006.

［42］汪木兰，饶华球，徐开芸，等．NGR01 型机器人电气控制系统设计［J］．组合机床与自动化加工技术，2003（4）：57－59.

［43］颉栋．浅析焊接机器人的选用［J］．城市建设理论研究：电子版，2013（16）．

［44］马利娥．仿袋鼠机器人跳跃运动机理的研究［D］．西安：西北工业大学，2005.

［45］马光磊．大壁虎中脑运动相关脑区的实验及脑区三维表示［D］．南京：南京航空航天大学，2008.

［46］李丽．仿生关节机构设计与理论研究［D］．南京：南京理工大学，2005.

［47］耿佃梅．仿生设计在灯具设计中的应用［J］．青春岁月，2014（18）．

［48］王国彪，陈殿生，陈科位，等．仿生机器人研究现状与发展趋势［J］．机械工程学报，2015，51（13）：27－44.

［49］黄有著．仿生形态与设计创新［J］．发明与革新，2001（4）：14－15.

［50］孟思源．仿生设计在现代设计中的应用与研究［J］．科技信息，2010（7）：354－355.

［51］熊有伦．机器人技术基础［M］．武汉：华中理工大学出版社，1996.

［52］姜娜．仿生设计在工业设计中的应用研究［D］．西安：陕西科技大学，
2007．

［53］佚名．室内空间形态设计的分析与研究［D］．南京：南京林业大学，
2007．

［54］郭南初．产品形态仿生设计关键技术研究［D］．武汉：武汉理工大学，
2012．

［55］傅桐生．鸟类分类及生态学［M］．北京：高等教育出版社，1987．

［56］易元明，黄金发，黄浩锋．自然生态是仿生设计的创造源泉［C］．国际
工业设计研讨会暨全国工业设计学术年会，2005．

［57］吴婷．浅析形态仿生在产品设计中重要性［J］．美与时代：城市，2013
（5）：71－71．

［58］张靖靖．形态仿生在产品设计中的应用［J］．湖北师范学院学报（哲学
社会科学版），2010，30（1）：55－58．

［59］陈寿菊．现代工业设计理念及设计表达［D］．重庆：重庆大学，2005．

［60］冯路．自然形态在建筑设计中的转换与应用［D］．大连：大连理工大
学，2009．

［61］张义民，贺向东，刘巧伶，等．任意分布参数的钢板弹簧的可靠性优化
设计［J］．机械设计，2006，23（3）：34－37．

［62］黄建中．昆虫仿生学的发展现状与展望［C］．华中三省（湖南、湖北、
河南）昆虫学会2005年学术年会暨全国第四届资源昆虫研讨会，2005．

［63］尚磊．动物王国里的"吸血鬼"［J］．科学之友（上半月），2010（7）：
50－51．

［64］崔荣荣．动物之"最"［J］．初中生辅导，2012（8）：38－41．

［65］陈亚光．哺乳动物之最［J］．发明与创新：学生版，2008（2）：37－39．

［66］施荣辉．鱼类仿生在汽车设计中的应用研究［D］．上海：华东理工大
学，2008．

［67］姜晓童，张扬，周小儒．浅析生物形态在座椅仿生设计中的应用［J］．
设计，2015，第9期：22－23．

［68］潘变．桥式起重机箱形主梁的结构仿生优化设计［D］．太原：中北大
学，2013．

［69］王伟松．2008北京奥运主体育场——"鸟巢"［J］．两岸关系，2008
（4）：61－62．

［70］马永芬．仿生学在建筑空间结构中的应用［J］．硅谷，2009（6）：112．

［71］赵林林．仿壁虎脚掌刚毛阵列接触力学分析及试验研究［D］．南京航空
航天大学，2007．

［72］仿生建筑学在空间结构中的运用［D］. 天津：天津大学，2006.

［73］孙海鹰. 蚁群算法的理论与性能研究［D］. 扬州：扬州大学，2009.

［74］刘福林. 仿生学应用中的制约因素分析［J］. 安徽农业科学（14）：4292 –
4293.

［75］陈重威. 来自动物的灵感［J］. 今日中学生旬刊，2012（9）：37 – 40.

［76］韩吉辰. 奇妙的冷光［J］. 青少年科技博览，2002（Z1）：23 – 23.

［77］张林仙，姚俊武，邓彬伟. 仿生机器人研究综述［J］. 山西电子技术，
2013（3）：94 – 96.

［78］王丽慧，周华. 仿生机器人的研究现状及其发展方向［J］. 上海师范大
学学报：自然科学版，2007（6）：58 – 62.

［79］黄军英. 日本机器人技术发展浅议［J］. 科技管理研究，2008，28（2）：
165 – 166.

［80］杨慧慧. 基于 R、C 副和全 P 副的空间连杆步行机构研究［D］. 北京：
北京交通大学，2010.

［81］詹乔乔. 机器人时代［J］. 机电一体化，2009，15（8）.

［82］孟宪龙，李龙澍，罗瞿. RoboCup 中 NAO 机器人球场目标红球识别与快
速找球策略［J］. 电脑知识与技术，2013（24）：5515 – 5519.

［83］张博. 健身马控制系统设计与研究［D］. 沈阳：东北大学，2009.

［84］杨茂林. 自然形态仿生在包装设计中的应用研究——论包装形态仿生设
计［J］. 艺术与设计：理论，2007（10）.

［85］李忠东. 蛇形机器人：灾难救援"生力军"［J］. 湖南安全与防灾，2013
（3）：25 – 27.

［86］崔新忠，常诚，缪新颖. 仿生机器人的发展与应用研究［J］. 机器人技
术与应用，2017（4）.

［87］金晓怡. 仿生扑翼飞行机器人飞行机理及其翅翼驱动方式的研究［D］.
南京：东南大学，2007.

［88］王臣业. 两栖仿生机器蟹密封技术的研究［D］. 哈尔滨：哈尔滨工程大
学，2006.

［89］陈金磊. 水下机器人仿生推进的动力学研究［D］. 青岛：中国海洋大
学，2013.

［90］白宗刚. 公共空间内视障残疾人辅助产品的设计研究［D］. 天津：天津
工业大学，2012.

［91］佚名. 呼啸山鹰. https：//bbs. tiexue. net/post_6577279_1. html. 2003.

［92］张兵，唐文超. 美国航空侦察装备的现状及发展［J］. 国防科技，2009，
30（2）：88 – 92.

［93］聂绀弩. 三国演义：说英雄谁是英雄［J］. 阅读与鉴赏（高中版），2004（5）：14 – 20.

［94］殷悦，马丽. 仿生机器人及其应用［J］. 科学技术创新，2011（32）：2 – 2.

［95］郝宗波. 家庭移动服务机器人的若干关键技术研究［D］. 哈尔滨：哈尔滨工业大学，2006.

［96］徐方，张希伟，杜振军. 我国家庭服务机器人产业发展现状调研报告［J］. 机器人技术与应用，2009（2）：14 – 19.

［97］王多圣. 我们的机器人［J］. 鸭绿江（上半月版），2016（1）：71 – 79.

［98］韩金华. 护士助手机器人总体方案及其关键技术研究［D］. 哈尔滨：哈尔滨工程大学，2009.

［99］沈鹏. 护士助手机器人导航与控制技术研究［D］. 哈尔滨：哈尔滨工程大学，2006.

［100］韩彦芳. 基于神经网络的壁面机器人智能故障诊断系统的研究［D］. 天津：河北工业大学，2002.

［101］王妹婷. 壁面自动清洗机器人关键技术研究［D］. 上海：上海大学，2003.

［102］孟祥禹. 爬壁机器人设计及路径跟踪方法研究［D］. 哈尔滨：哈尔滨工程大学，2013.

［103］冯金珏. 教育机器人的开发与教学实践［D］. 上海：上海交通大学，2012.

［104］徐英. 教学型机械手 PLC 控制系统的设计［D］. 苏州：苏州大学，2010.

［105］顾水恒，常红. 机器人现状与前景分析［J］. 现代商贸工业，2010，22（8）：327 – 328.

［106］徐鹏. 脚掌转动的跳跃机器人轨迹规划与落地稳定性分析［D］. 哈尔滨：哈尔滨工程大学，2012.

［107］马勤勇. 两轮差速驱动移动机器人运动模型研究［D］. 重庆：重庆大学，2013.

［108］李贻斌，李彬，荣学文，等. 液压驱动四足仿生机器人的结构设计和步态规划［J］. 山东大学学报（工学版），2011，41（5）：32 – 36.

［109］张天. 仿生液压四足机器人多传感器检测与信息融合技术研究［D］. 北京：北京理工大学，2015.

［110］孙磊. 四足机器人仿生控制方法及行为进化研究［D］. 合肥：中国科学技术大学，2008.

［111］付博．四足机器人动态稳定性分析及运动控制研究［D］．哈尔滨：哈尔滨工业大学，2010．

［112］王慧．林间四足步行机的步态规划与建模仿真研究［D］．哈尔滨：东北林业大学，2014．

［113］王维．四足仿生机器人实时控制系统的研究与设计［D］．济南：山东大学，2012．

［114］王鹏飞．四足机器人稳定行走规划及控制技术研究［D］．哈尔滨：哈尔滨工业大学，2007．

［115］胡斌．四足机器人结构化地貌典型步态研究［D］．哈尔滨：哈尔滨工业大学，2011．

［116］李中奇．液压四足机器人控制器研究［D］．哈尔滨：哈尔滨理工大学，2016．

［117］董立涛．含脊柱关节四足机器人仿生结构设计及跳跃运动仿真研究［D］．哈尔滨：哈尔滨工程大学，2014．

［118］李明祥．新型四足步行机器人混联腿部机构的运动学研究［D］．郑州：郑州大学，2016．

［119］李冰．农业足式移动平台运动姿态平稳性控制方法及试验研究［D］．哈尔滨：东北农业大学，2018．

［120］钟建锋．四足机器人液压驱动系统设计与控制研究［D］．武汉：华中科技大学，2014．

［121］Mattesi M．力量：动画速写与角色设计［M］．北京：人民邮电出版社，2009．

［122］Mattesi M，马特斯，Mattesi，et al．彰显生命力：动态素描解析［M］．人民邮电出版社，2009．

［123］佚名．四足动物的运动规律［EB/OL］．https：//wenku．baidu．com/view/044e0e90eefdc8d377ee3215．html．2018．

［124］韩宝玲，李欢飞，罗庆生，等．四足机器人腿型配置的仿真分析与性能评价［J］．计算机测量与控制，2014（4）：1163－1165．

［125］Xiuli Z，Haojun Z，Xu G，et al. A biological inspired quadruped robot：structure and control［C］. IEEE International Conference on Robotics & Biomimetics. IEEE，2005.

［126］钟斌．仿生岩羊四足机器人机构设计研究［D］．合肥：中国科学技术大学，2018．

［127］吴济今．金属磷化物的锂电化学［D］．上海：复旦大学，2009．

［128］汤红．锂离子电池硅负极材料制备及其循环稳定性能研究［D］．石家

庄：河北科技大学，2012.

[129] 刘建国，孙公权. 燃料电池概述 [J]. 物理，2004，33（2）：79－84.

[130] 杨金龙. 改性 Li_2FeSiO_4/C 复合锂离子电池正极材料的研究 [D]. 武汉：武汉理工大学，2011.

[131] 刘彦龙. 中国电池行业市场分析 [C]. 中国国际铅锌年会，2002.

[132] 陌尘. 实用机器人制作讲座（六）机器人供电系统（电源稳压部分）[J]. 电子制作，2003（10）：47－49.

[133] 刘丞，赵建. 用于智能移动机器人的电源模块设计与实现 [J]. 仪表技术，2009（2）：67－70.

[134] 黄小刚. 智能移动机器人设计与导航方法研究 [D]. 西安：西安理工大学，2011.

[135] 仲明伟. 自行车机器人的嵌入式控制系统设计 [D]. 北京：北京邮电大学，2010.

[136] 桓佳君. $LiFePO_4$/FeN 正极材料的制备及其电化学性能研究 [D]. 苏州：苏州大学，2012.

[137] 老罗. 动力源泉，锂电池充电保养攻略 [J]. 电脑知识与技术（经验技巧），2015（6）：98－100.

[138] 佚名. 电池"变形"之旅 [J]. 发明与创新（中学生），2015（10）：13－15.

[139] 胡绍杰，徐保伯. 锂离子电池工业的发展与展望 [J]. 电池，2000，30（4）：171－174.

[140] 佚名. 日本研发出新型锂电池：最长寿命 70 年 [EB/OL]. http://news.mydrivers.com/1/404/404093.htm. 2015.

[141] 王惠. 硅碳复合纳米材料与二氧化硅纳米材料的制备及其储锂性能研究 [D]. 南京：南京师范大学，2015.

[142] 刘婷婷. 纳米结构氧化铋及其复合材料的制备和电化学储锂性能的研究 [D]. 苏州：苏州大学，2016.

[143] 何林兵. 复合正极材料及其在锂离子电池中的应用 [D]. 杭州：浙江大学，2017.

[144] 钱伯章. 聚合物锂离子电池发展现状与展望 [J]. 国外塑料，2010，28（12）：44－47.

[145] 郑云肖. 锑基（锡基）/碳纳米复合材料的制备及其电化学储锂性能研究 [D]. 浙江大学，2013.

[146] 葛先雷. 锂电池可充电特性分析及锂电池维护 [J]. 网友世界，2013（2）：42－43.

［147］朱则刚．锂电自行车：破除技术瓶颈 延长使用寿命［J］．中国自行车，2017（1）：70 - 72.

［148］刘玉平．硅/碳复合纳米材料的制备、表征及其储锂性能研究［D］．湘潭：湘潭大学，2014.

［149］秦明．锂离子电池正极材料磷酸锰锂合成方法的研究［D］．青岛：山东科技大学，2010.

［150］钟强．锂离子电池原理介绍［J］．中国化工贸易，2013（4）：429 - 429.

［151］徐振．锂电池一般特性及管理系统分析［J］．轻工科技，2009，25（10）：35 - 37.

［152］李镇．锂离子电池安全相关因素分析［J］．电子世界，2018，No. 546（12）：66 - 67.

［153］李振源．锂离子电池的发展应用分析［J］．当代化工研究，2018，35（11）：6 - 7.

［154］张俊林．循环式充电放电锂电池电化学特性研究［D］．长沙：湖南大学，2016.

［155］李婷．多通道锂离子电池快速充、放电系统研究［D］．太原：中北大学，2008.

［156］李刚．康复机械手电机控制及电源系统研究［D］．哈尔滨：哈尔滨工业大学，2006.

［157］曹金亮，张春光，陈修强，等．锂聚合物电池的发展、应用及前景［J］．电源技术，2014，38（1）：168 - 169.

［158］刘乔华．电动汽车复合电源控制策略仿真研究［D］．长沙：长沙理工大学，2012.

［159］谢卫华．常用储能特性及其应用研究［J］．通信电源技术，2017（3）．

［160］邱元阳．走进电池世界［J］．中国信息技术教育，2015（5）：60 - 65.

［161］胡骅．混合动力源电动车和电动车的蓄电池［J］．世界汽车，2001（3）：21 - 24.

［162］方佩敏．聚合物锂离子电池及其应用［J］．电子世界，2006（9）：55 - 57.

［163］王廷龙．关于太阳能和燃料电池的电源系统［D］．上海：上海交通大学，2008.

［164］邵强．智能电池及其充放电管理系统［D］．郑州：郑州大学，2005.

［165］郭霁方．镍氢电池充电电源控制模式的研究［D］．哈尔滨：哈尔滨工业大学，2007.

［166］孙杨．镍氢串联电池组均衡充电技术的研究［D］．武汉：湖北工业大学，2010.

［167］陶新红．水文仪器设备电源系统的管理维护［J］．河南水利与南水北调，2017.

［168］李昌林．电动汽车车载充电系统的设计与实现［D］．武汉：武汉理工大学，2008.

［169］李素英，窦真兰．智能镍氢电池充电电路设计［J］．实验室研究与探索，2014，33（7）．

［170］谈秋宏．电动汽车用锂离子电池的热特性研究［D］．北京：北京交通大学，2018.

［171］刘冬生，陈宝林．磷酸铁锂电池特性的研究［J］．河南科技学院学报（自然科学版），2012，40（1）．

［172］佚名．锂电池之争，三元还是磷酸铁［EB/OL］．https：//baijiahao. baidu. com/s？id＝1607570929605312939&wfr＝spider&for＝pc. 2018.

［173］冯祥明，赵光金．磷酸铁锂动力电池性能研究［C］．河南省汽车工程技术学术研讨会，2012.

［174］窦清山．几种锂电池正极材料的发展与比较［J］．新疆有色金属，2010，33（S1）：111－112.

［175］古晓宇．三元锂电池被叫停惹争议锂电池之争由来已久［J］．广西质量监督导报，2016（4）：31－32.

［176］蔡睿妍．基于 Arduino 的舵机控制系统设计［J］．电脑知识与技术，2012，08（15）：3719－3721.

［177］佚名．初识舵机［EB/OL］．https：//blog. csdn. net/moonlightpeng/article/details/89313612. 2019.

［178］杨冰，张鼎男，裴锐．基于 DSP 数字化舵机无线控制系统的设计与实现［J］．工业技术创新，2014（5）：553－557.

［179］李嘉秀．基于 arduino 平台的足球机器人在 RCJ 中的应用［J］．物联网技术，2015（3）：97－100.

［180］杨磊．走进舵机世界［J］．中国信息技术教育，2018Z3.

［181］彭永强．Robocup 人型足球机器人视觉系统设计与研究［D］．重庆：重庆大学，2009.

［182］范强．双足竞步机器人设计及其步态规划研究［D］．淄博：山东理工大学，2009.

［183］程坤．基于嵌入式平台的智能移动机器人系统设计［D］．西安：西安电子科技大学，2016.

［184］吴秉慧，徐嘉欢，高超禹，等．小型自动灭火机器人［J］．软件，2015，36（11）：56－60．

［185］杨伟临．基于 AVR 和 FPGA 的 SOC—FPSLIC 的无人机下级控制系统［D］．浙江大学，2007．

［186］宇晓梅．四轮代步智能小车平台的设计开发［D］．青岛：中国海洋大学，2013．

［187］丁小妮．基于 Arduino&Android 小车的仓储搬运研究［D］．西安：长安大学，2015．

［188］王彤．多自由度仿生水下航行器的设计及控制［D］．合肥：中国科学技术大学，2016．

［189］覃文军．基于 LEGO 组件的"机器人实验室"系统研究与开发［D］．沈阳：东北大学，2006．

［190］吴琳．基于路标的室内机器人视觉导航技术研究［D］．沈阳：东北大学，2007．

［191］杨川，陈玮光．浅析应用在机电一体化中的传感器技术［J］．城市建设理论研究：电子版，2013（23）．

［192］刘安平．IPC－208B 型原子力显微镜系统改进及其压电微悬臂的研究［D］．重庆：重庆大学，2009．

［193］马须敬，朱义彪．传感器的研究现状与发展趋势［J］．青岛科技大学学报（自然科学版），2017（z1）．

［194］冯蕾琳．浅析传感器的现状及发现趋势［J］．科技信息，2012（3）：243－244．

［195］余亮亮．浅谈机器人传感器及其应用［J］．华章，2011（3）．

［196］延昊．基于视觉信息的移动机器人定位研究［D］．北京：中国科学院自动化研究所，2003．

［197］费燕．浅析传感器技术在机电一体化中的应用［J］．企业技术开发：下，2010，29（5）：47－47．

［198］张志中．基于智能控制的机电一体化技术的应用与研究［D］．武汉：华中科技大学，2003．

［199］孙传友，孙晓斌．感测技术基础［M］．北京：电子工业出版社，2015．

［200］杨全峰，辛有口，程卫华．浅谈智能化电气设备对智能电网的重要性［J］．科技创新与应用，2012（20）：169－169．

［201］孙运旺．传感器技术与应用［M］．浙江大学出版社，2006．

［202］蔡志．传感器技术在常规测绘领域中的应用方向初探［J］．科技创新与应用，2015（24）：71－71．

［203］孙开宇．基于 ZigBee 技术的辽河油田无线数据采集系统的研制［D］．沈阳：东北大学，2010．

［204］钱忠远．对于传感器的探讨［J］．数字技术与应用，2011（1）：39 - 39．

［205］梁丽娉．压电陶瓷传感器力学模型理论与试验研究［D］．沈阳：沈阳建筑大学，2011．

［206］徐倩，王亚飞，孟晓龙．浅析传感器在故障检测系统中的作用［J］．企业技术开发，2011（8）：112 - 112．

［207］苏艳茹．微小流量信号检测系统的研究及应用［D］．哈尔滨：哈尔滨工程大学，2005．

［208］吕泉．现代传感器原理及应用［M］．北京：清华大学出版社，2006．

［209］任强．传感器选用原则［J］．铁道技术监督，2004（9）：33 - 34．

［210］巫业山．传感器的选用原则与标定［J］．衡器，2017（5）．

［211］马志燕．基于虚拟仪器的纺织机械动态性能测试系统的开发与应用［D］．西安工程大学，2007．

［212］孙守磊，李大寨，李玉霞．DSP 数字检测系统设计［J］．机械与电子，2012（1）：49 - 53．

［213］全元．基于物联网技术的城市环境噪声监管系统研究［D］．北京：中国科学院大学，2013．

［214］孙廷耀．关于如何选用称重传感器的几点建议［J］．计量技术，2001（1）．

［215］王金星．关于称重仪表的选用［J］．科学导报，2013（8）．

［216］胡兴军，蔡叶菁，王健．机器视觉技术及其在包装印刷质量检测中的应用［J］．丝网印刷，2004（11）：35 - 37．

［217］邓小铭．基于 OpenCV 的物体三维检测系统研究［D］．南昌：南昌航空大学，2010．

［218］陈亚杰．机器视觉中机加工工艺特征提取的研究［D］．镇江：江苏科技大学，2007．

［219］刘怀普．白炽灯中的物理知识［J］．中学生数理化：初中版，2004（5）：47 - 47．

［220］郭俊．基于机器视觉的银接点焊接质量自动检测［D］．沈阳：东北大学，2014．

［221］梅领亮．PCB 最终外观检查机关键技术研究［D］．成都：电子科技大学，2010．

［222］丁剑．基于小波图像处理技术的高温熔体测温系统的研究与开发［D］．

长沙：中南大学，2005.

[223] 张艳萍．数码相机成像体系浅谈［J］．今日印刷，2003（5）：61－63.

[224] 范红．CMOS 图像传感器在数码相机中的应用技术研究［D］．长春：长春理工大学，2002.

[225] 周金丽．口服液中可见异物的机器视觉检测系统研究［D］．长沙：湖南大学，2012.

[226] 刘远航．数码相机原理性能与使用［M］．沈阳：辽宁科学技术出版社，2000.

[227] 明波．明明白白选 DC——数码相机关键名词解释［J］．网络与信息，2004（8）：45－45.

[228] 数码时代，我行我照［J］．软件工程，2005（6）：51－52.

[229] 刘阳．基于机器视觉的产品尺寸检测技术研究［D］．长春：东北大学，2007.

[230] 林瑞凤．基于图像的明渠液位自动测量方法［D］．兰州：兰州理工大学，2013.

[231] 王珍．基于机器视觉的香烟条包检测系统的研究［D］．南京：南京航空航天大学，2008.

[232] 黄振宇．移动机器人视觉系统的研究与应用［D］．武汉：华中科技大学，2004.

[233] 张晓新．智能移动机器人控制技术研究［D］．天津：河北工业大学，2007.

[234] 毕克宏．基于机器视觉的水位监控系统研究［D］．郑州：郑州大学，2009.

[235] 杨琪．CMOS 在专业摄像机领域的应用前景分析［J］．科技信息（学术版），2007（12）．

[236] 高璇．小芯片有大功能——监控摄像机的眼睛 CCD［J］．网络与信息，2011（7）：29－29.

[237] 刘昕．一种简易高识别率的信号灯识别算法［J］．微处理机，2013，34（6）：58－59.

[238] 雷玉堂．高清监控时代 CMOS 摄像机脱颖而出［J］．中国公共安全，2012（16）：160－162.

[239] 许济海．基于纹理特征的网纹哈密瓜分类研究［D］．杭州：浙江大学，2017.

[240] 刘军．数码相机后背图像采集系统的研制［D］．哈尔滨：哈尔滨工业大学，2007.

[241] 王树刚，余新. 浅谈光电耦合器 CCD 和 CMOS 的区别 [J]. 科技信息，2009（14）：311 – 311.

[242] 吴源远. 高速分拣机械手视觉识别技术研究 [D]. 无锡：江南大学，2009.

[243] 李志海. 轮足混合驱动爬壁机器人及其关键技术的研究 [D]. 哈尔滨：哈尔滨工业大学，2010.

[244] 王莹. 高精度超声波测距仪的研究设计 [D]. 北京：华北电力大学（北京），2006.

[245] 陈海龙. 煤矿选煤厂巡检机器人的研究与设计 [D]. 北京：中国矿业大学，2014.

[246] 闫军. 传输时间激光测距传感器 [J]. 传感器世界，2002（8）：22 – 23.

[247] 王红云，姚志敏，王竹林，等. 超声波测距系统设计 [J]. 仪表技术，2010（11）：47 – 49.

[248] 路锦正，王建勤，杨绍国，等. 超声波测距仪的设计 [J]. 传感器技术，2002，21（8）：29 – 31.

[249] 张体荣，陈胜权，熊川，等. 高精度超声波测距仪的设计 [J]. 桂林航天工业高等专科学校学报，2008，13（3）：36 – 38.

[250] 王彦芳，王小平，宋万民，等. 时差法超声波流量计的高精度测量技术 [J]. 微计算机信息，2006，22（16）.

[251] 姚殿梅，周彬. 红外线在道路测试中的应用 [J]. 交通科技与经济，2013，15（3）：45 – 48.

[252] 陈成. 浅谈激光测距仪在起重机检验中的应用 [J]. 中小企业管理与科技（下旬刊），2010（27）：116 – 116.

[253] 刘超，黄忠文. 基于 GP2Y0A02 红外传感器的距离测量设计 [J]. 江苏科技信息，2015（36）：48 – 50.

[254] 韩雪峰. 导盲机器人 [D]. 哈尔滨：哈尔滨工程大学，2009.

[255] 刘俊承. 室内移动机器人定位与导航关键技术研究 [J]. 毕业生，2005.

[256] 陈成. 浅谈激光测距仪在起重机检验中的应用 [J]. 中小企业管理与科技（下旬刊），2010（27）：116 – 116.

[257] 阎锋，鲁军. 传感器在机器人小车路径规划及避障中的应用 [J]. 青春岁月，2013（11）：483 – 483.

[258] 林宝照，欧玉峰. 基于仿生学研究的感觉传感器介绍 [J]. 企业技术开发（下半月），2010，29（12）.

[259] 程丁儒．基于电容阵列的柔性触觉传感器的研究［D］．杭州：浙江大学，2017.

[260] 明小慧．力敏导电橡胶三维力柔性触觉传感器设计［D］．合肥：合肥工业大学，2009.

[261] 佚名．探秘电子皮肤——触觉传感器［EB/OL］．https：//www．sohu．com/a/163501896_ 468626．2017.

[262] 周连杰．温度触觉传感技术研究［D］．南京：东南大学，2011.

[263] 贾伯年，俞朴，宋爱国．传感器技术［M］．3 版．南京：东南大学出版社，2008.

[264] 郑健．基于 9 轴传感器的姿态参考系统研究与实现［D］．成都：电子科技大学，2013.

[265] 徐维军．跑步机运动防摔人体姿态识别研究［J］．企业技术开发：下旬刊，2015（3）：20－21.

[266] 刘航．桌面自平衡机器人的研究与实现［D］．北京：北京工业大学，2010.

[267] 冯刘中．基于多传感器信息融合的移动机器人导航定位技术研究［D］．成都：西南交通大学，2011.

[268] 张旭．基于多传感器信息融合康复机器人感知系统设计［D］．成都：电子科技大学，2015.

[269] 王嘉锋．基于人体运动传感的个人定位方法及系统实现［D］．杭州：浙江大学，2011.

[270] 张新．应变式三维加速度传感器设计及相关理论研究［D］．合肥：合肥工业大学，2008.

[271] 秦宁，胡立夫，耿家乐．基于可变数字目标识别的四旋翼火灾监测系统［J］．中国科技信息，2019，597（01）：95－97.

[272] 张辉，黄祥斌，韩宝玲，等．共轴双桨球形飞行器的控制系统设计［J］．单片机与嵌入式系统应用，2015，15（12）：74－77.

[273] 于慧．基于 ARM 和 CPLD 的 LED 彩屏显示系统的研究［D］．西安：西北工业大学，2007.

[274] 丁旭，郑植，董利斌，等．锅炉火焰检测装置．华北电力大学（河北），2013.

[275] 魏小龙．激光测径装置研究［D］．成都：电子科技大学，2013.

[276] 严冬，杨洋，唐小龙，等．无线照度传感器节点的设计与实现［J］．自动化与仪器仪表，2012（6）.

[277] 赵永红．输送机胶带纵向撕裂监测系统的研究［D］．太原：太原理工大

学，2010.

[278] 袁婷. 自动温度控制系统的设计 [J]. 南方农机，2016（s1）.

[279] 吕宗岩. 分布式光纤温度传感器的系统设计 [D]. 秦皇岛：燕山大学，2006.

[280] 谷长利. 基于 MCS - 51 单片机的热量计 [D]. 北京：华北电力大学（北京），2006.

[281] 孙霞. 多路高精度温度监测系统 [D]. 青岛：山东科技大学，2004.

[282] 宰文姣，汪华章. 基于步进电动机的智能电风扇设计与实现 [J]. 微特电机，2014，42（11）：88 - 92.

[283] 马净，李晓光，宁伟. 几种常用温度传感器的原理及发展 [J]. 中国仪器仪表，2004（6）：1 - 2.

[284] 覃鲜艳. 基于 DS18B20 的无线测温系统的研究与设计 [D]. 武汉：武汉理工大学，2012.

[285] 万良金. 基于多传感器信息融合的机器人姿态测量技术研究 [D]. 北京：北京交通大学，2015.

[286] 牛强. 基于伺服运动测控系统的实验、分析与研究 [D]. 济南：山东建筑大学，2013.

[287] 李程. 六足机器人控制系统设计 [D]. 秦皇岛：燕山大学，2016.

[288] 韩召. 矿山支护用桁架自动成型及焊接设备的研发设计 [D]. 兰州：兰州理工大学，2008.

[289] 朱彦齐，陈玉芝. 浅谈工业机器人在自动化控制领域的应用 [J]. 职业，2010（8）：123 - 123.

[290] 熊青春. 四自由度教学机器人的研制 [D]. 合肥：合肥工业大学，2006.

[291] 王允上. 学用单片机制作机器人 [M]. 北京：科学出版社，2012.

[292] 孙戴魏. 浅议单片机原理及其信号干扰处理措施 [J]. 企业导报，2012（3）：290 - 291.

[293] 韩志军. 单片机应用系统设计 [M]. 北京：机械工业出版社，2005.

[294] 徐俊林. 基于 AT90S8535 的虚拟机技术及其应用研究 [D]. 电子科技大学，2011.

[295] 邝小磊. 单片机应用技术综述 [J]. 信息化研究，2001，27（3）：12 - 16.

[296] 张岩，张鑫. 单片机原理及应用 [M]. 北京：机械工业出版社，2015.

[297] 王林. 基于压力传感器的便携式明渠自动测流装置的研究 [D]. 太原：太原理工大学，2015.

［298］夏灿灿．基于 DSP 的应急电源（EPS）关键技术研究［D］．青岛：山东科技大学，2013．

［299］丁瑞昕．纸币清分机图象识别系统的研究与设计［D］．沈阳：辽宁科技大学，2008．

［300］美国德州仪器公司．DSP 外设驱动程序的开发［J］．电子设计应用，2003（7）．

［301］张行，雷勇．开发 DSP 硬件驱动程序的一种方法［J］．现代电子技术，2007，30（11）．

［302］王芝江．用于水质监测的嵌入式计算机系统开发与实验研究［D］．天津：河北工业大学，2013．

［303］佚名．ARM 及系列处理器的分类介绍［EB/OL］．https：//blog. csdn. net/Brouce_ Lee/article/details/81109961. 2018

［304］蔡弘．基于 ARM + FPGA 的高速信号采集与存储系统设计［D］．北京：北京交通大学，2008．

［305］马聪．基于 STM32 微控制器的精密压力控制系统的研究与设计［D］．苏州：苏州大学，2016．

［306］何洪波，都洪基，孔慧超．基于单片机的漂染控制系统设计［J］．信息化研究，2006，32（4）：66 – 68．